[美]
简·华纳
著

仲文明 任在翔
译

学会在悲伤中
充实生活

52个主题练习
走出悲伤的泥淖

# 悲伤缓解手册

Jan Warner
Grief
DAY by DAY

湖南人民出版社

本作品中文简体版权由湖南人民出版社所有。
未经许可，不得翻印。

**图书在版编目（CIP）数据**

悲伤缓解手册：学会在悲伤中充实生活／(美)简·华纳著；仲文明，任在翔译. —长沙：湖南人民出版社，2021.8（2024.8）
ISBN 978-7-5561-2592-0

Ⅰ. ①悲… Ⅱ. ①简… ②仲… ③任… Ⅲ. ①心理状态—自我控制 Ⅳ. ①B842.6

中国版本图书馆CIP数据核字（2021）第071621号

Text©2018 Callisto Media Inc.
All rights reserved.
First published in English by Althea Press, a Callisto Media Inc imprint
Chinese Simplified Character rights arranged through Media Solutions Ltd Tokyo Japan （info@mediasolutions.jp）

BEISHANG HUANJIE SHOUCE：XUEHUI ZAI BEISHANG ZHONG CHONGSHI SHENGHUO

## 悲伤缓解手册：学会在悲伤中充实生活

| | |
|---|---|
| 著　　者 | ［美］简·华纳 |
| 译　　者 | 仲文明　任在翔 |
| 出版统筹 | 陈　实 |
| 监　　制 | 傅钦伟 |
| 产品经理 | 刘　婷 |
| 责任编辑 | 李思远　田　野 |
| 责任校对 | 唐雅明 |
| 封面设计 | 燊　玖 |

| | |
|---|---|
| 出版发行 | 湖南人民出版社［http://www.hnppp.com］ |
| 地　　址 | 长沙市营盘东路3号 |
| 邮　　编 | 410005 |
| 电　　话 | 0731-82683357 |

| | |
|---|---|
| 印　　刷 | 长沙超峰印刷有限公司 |
| 版　　次 | 2021年8月第1版<br>2024年8月第4次印刷 |
| 开　　本 | 880 mm × 1230 mm　1/32 |
| 印　　张 | 11 |
| 字　　数 | 200千字 |
| 书　　号 | ISBN 978-7-5561-2592-0 |
| 定　　价 | 58.00元 |

营销电话：0731-82683348（如发印装质量问题请与出版社调换）

谨以本书献给全世界与悲伤抗争的勇士们
以及深深爱着他们的人。

谨以本书缅怀我深爱的丈夫,亚瑟·华纳。
我爱你,永远想念你。

感谢我的女儿艾琳、外孙女格温多琳,
谢谢你们每天给予我的快乐和爱,让我敞开心扉。

还有世界各地的朋友们,
谢谢你们的爱,谢谢你们接受真实的我。

# 目 录

001 序

003 简介

007 如何使用此书

010 第一周
悲伤的阶段划分？

017 第二周
孤独

024 第三周
回忆

030 第四周
我现在是谁？

038 第五周
美

044 第六周
时间

050 第七周
恐惧

056 第八周
困惑（迷惑）

062 第九周
否认

068 第十周
音乐

074 第十一周
不健康的悲伤处理方式

082 第十二周
麻木

| | | | |
|---|---|---|---|
| 088 | 第十三周<br>精疲力尽 | 164 | 第二十五周<br>加入群体 |
| 095 | 第十四周<br>愤怒 | 171 | 第二十六周<br>不喜欢现在的自己 |
| 101 | 第十五周<br>感恩 | 177 | 第二十七周<br>眼泪 |
| 108 | 第十六周<br>亲戚朋友待我们如何？ | 183 | 第二十八周<br>考虑自杀 |
| 115 | 第十七周<br>内疚 | 190 | 第二十九周<br>绝望 |
| 121 | 第十八周<br>亲密 | 196 | 第三十周<br>希望 |
| 127 | 第十九周<br>抛弃 | 202 | 第三十一周<br>言犹未尽，事犹未竟 |
| 133 | 第二十周<br>信念 | 208 | 第三十二周<br>悔恨 |
| 139 | 第二十一周<br>没人理解我的感受 | 213 | 第三十三周<br>前路茫茫 |
| 146 | 第二十二周<br>悲伤不可承受之重 | 219 | 第三十四周<br>来生 |
| 152 | 第二十三周<br>戴面具 | 225 | 第三十五周<br>爱 |
| 158 | 第二十四周<br>情绪波动 / 悲伤侵袭 | 231 | 第三十六周<br>悲伤者的疯狂 |

| | | | |
|---|---|---|---|
| 237 | 第三十七周<br>特殊的日子：纪念日、生日、节日 | 299 | 第四十七周<br>寻求解决方案 |
| 243 | 第三十八周<br>身体症状 | 305 | 第四十八周<br>回来吧 |
| 249 | 第三十九周<br>灵迹 | 311 | 第四十九周<br>资源 |
| 256 | 第四十周<br>缅怀逝者 | 317 | 第五十周<br>为自己欢呼 |
| 262 | 第四十一周<br>创造意义 | 323 | 第五十一周<br>释怀？ |
| 268 | 第四十二周<br>走出去 | 329 | 第五十二周<br>治愈？ |
| 274 | 第四十三周<br>帮助他人 | 335 | 结语 |
| 280 | 第四十四周<br>每天都在发生 | 336 | 译后记 |
| 286 | 第四十五周<br>值得不值得 | 341 | 作者简介 |
| | | 342 | 序言作者简介 |
| 292 | 第四十六周<br>守护悲伤 | 343 | 译者简介 |

# 序

悲伤在心底翻涌时,我常用"迸裂"来形容。悲伤一击,心门洞开,即便我天天竭尽全力疗愈伤口,但哪怕是点滴小事它也会再次撕裂。此种体会提醒你我,丧爱之痛何其深刻。

简·华纳描写了她与悲伤相处的过程,正是我们尽力弥合心伤的写照。简借此书打造或者说为我们提供了一场盛典,供我们沟通交流,因为"悲伤是我们共同的语言"。

从一个个主题,到一次次练习,阅读过程中,我泪流不止,感触颇深,多次掩卷深思,细细品味,共鸣之情与书中内容相合,久久不能平静。

作家的名言金句,经简的巧妙运用,产生了强大的力量,实在无可挑剔。我想特别分享一下自己的切身经历,痛失亲人的感觉以及随之而来的复杂感受。每个人悲伤的经历都独一无二,简告诉我们,悲伤"凌乱不堪"。

从父母及祖先传承下来的东西，与自身人生经历一起，刻入我们的灵魂。母亲怀我时，遭受了毁灭性的丧偶之痛。家人经常告诉我，一岁半之前，我常常哭闹，只有母亲一人安抚我。我相信，我和母亲的悲伤同根同源，我的泪水正是母亲伤心的写照。我一直是一个很敏感而且情绪化的人，或许这是我从事演艺工作的原因。尽管我主要从事喜剧工作，却总能触碰到深埋心底的伤痛。

　　我经历过很多人的离去，包括哥哥丹尼的离世，那时我们都才二十多岁。简告诉我们，死亡可以拉近我们与上帝或神灵的距离。丹尼离开时，我的确有这样的感受。他生前就很虔诚，到了天堂会离上帝更近。几十年来，他和母亲的音容笑貌、精神姿态，一直未曾远去。母亲离世，我痛彻心扉。但这种悲伤是孤独的，因为母亲去世，整个家庭氛围也发生了变化。现在，我仍然每天心怀悲伤，但母亲也会出现在我人生的美好时刻，带给我安详宁静。

　　读简的文字，能感受到她的友善，她引领我们来到人生悲剧舞台的中央——死亡，慰藉悲伤的心灵，伸出爱的援手，在日复一日的人生旅程中，与我并肩携手同行。

亚曼达·比尔斯<br>演员、导演、制片人、教师

# 简 介

请牵起我的手,和我一起走过悲伤的荒原。这片干涸的土地,经我们的泪水浇灌后,能长出饱腹营养的粮食和滋养灵魂的花朵吗?

我丈夫亚蒂(Artie)英俊潇洒,风度翩翩,也有些许固执。我们初次见面时,他隐瞒了真实年龄,然而我很快就发现他大我 21 岁。很容易想到,他会先于我去世,我将十分想念、万分痛苦。后来他走了,我完全崩溃了,心想既然他再也不会回来了,那我就去天堂找他。但我最后没有自杀,我不想让悲伤重演。

选择继续活下去,我就需要学会在悲伤中充实生活。我决定多去充满生活气息的地方,希望重新慢慢浸染于人间烟火气之中。我去看了心理医生,她说我的悲伤情况很"复杂",半年到一年之内,我就应该停止哀悼。她是一位优秀的心理医生,但我认为她的建议太过荒谬,闻所未闻。为什么要停止哀悼呢？那可是我生活方方面面都不可或缺的人。我无需忘却悲伤就可继续前行。我需要的是帮助我在心中为悲伤找一个安身之处。

我加入了一个丧亲群体。我已经三个月没有换过床单了，然而群里有一位朋友一年都没换过；更有甚者，从亲人去世后就再也没换过。这样看来，我并没有疯，只是仍在悲伤之中。

排解悲伤的过程中，我甚是伤感，于是报名了喜剧编写课程。老师问："你们为什么来这里？"我回答说："我丈夫去世了，所以我觉得应该接触一下喜剧。"随后我开始讲我们的故事。令我惊讶的是，我第一次讲完以后，同学们竟然走过来称赞我能直面悲伤和死亡。

丈夫曾成功戒酒，并用自身经历帮助酒精成瘾者。为了找到继续存在的意义，我决定向其他悲伤者敞开心扉，以此纪念丈夫。我开通了博客，取名"住手，不要偷走我的悲伤"。我也在脸书上创建了主页，名为"说出你的悲伤"。当时我想，若能帮助到一个人，我就知足了。现在，"说出你的悲伤"已获赞超过250万，点赞者几乎覆盖全球每个国家。悲伤，是我们共通的语言。

丈夫去世后不久，我买了一块标牌，上面写着："祝你天天充实。"我笑了出来。今天不顺心没关系，充实就好。我有大把的时间赖床不起。我给自己定了规矩，待在家里不能超过一整天,超过就必须出门,哪怕散步5分钟也好。我给自己安排了"一日一家务",目的是收获成就感,家务可以很简单,付一笔账,什么琐事都可以。不管是否情愿,我尽量做一些力所能及之事,此外,我还开始帮助他人。哪怕躺在床上,我也可以通过互联网联系有相似遭遇的人,发布帖子支持鼓励他们。丈夫过去常说:"人生不过无数片刻。"我的目标是尽力让更多的片刻充满幸福感、成就感。

我走遍世界,体验了各种悲伤治疗方式。我硕士学的是心理咨询专业,但我意识到更应该自救。我是个普通人,有时仍然会彻底崩溃,有时则会与悲伤拼命搏斗,但却被其牢牢锁住,既没有自我意识,也无法动弹。然而,过去的8年里,我交了很多新朋友,其中有些也是悲伤者。与许多悲伤者一样,我也失去了多位好友,他们要么抛弃了我,要么对我不理不睬。这一切皆因我的悲伤而致。我不知道为什么有些人在我需要他们的时候狠心离开,但他们的确这样做了。

我特别想死,但若真如此,我会错过太多太多。我演过一场独角戏,制作了多部纪录片和一部实验型戏剧。另外,我又开始旅游。女儿怀孕的时候,我真的不知道还能不能爱另一个人。事实证明,我可以,而且是全心全意去爱,收获了意想不到的喜悦。我最喜欢的生活角色就是外祖母。我仍然想魂归天堂,与丈夫在一起,但我也想在尘世继续这段未知的旅程。悲伤让我明白，人生至多百年，世间所谓永恒之物，不过万古一瞬而已。

此书写给你，写给我，写给我们。

请牵起我的手，和我一同漫步在本书的文字里。需要的你就拿走，其他的可以留着。与悲伤抗争的勇士们，让我们一起以自己的行动告慰逝者，颂扬逝者的人生。我们所爱的人呐，他们生前带来的快乐温情，远重于他们逝去留给我们的悲伤。

## 如何使用此书

这本书属于你，没有标准使用程序。你可以从第一周开始，一直读到第五十二周，每天按顺序看一条引言；你也可以随意翻看，翻到哪儿就从哪里开始。你可以每周聚焦一个主题，也可以同时思考多个主题。你还可以多次回顾某个主题或某条引言。如果你发现了对自己有帮助的内容，那就尽管应用；如果有些内容不适用于自身情况，那就看看其他的。

本书邀你每一周探索一个主题。一年有52周，所以共有52个主题。一周有7天，每天都有一段引言和相应评述。每句引言都是为了帮助你从不同的角度审视主题。每一周末，都安排了一次排解悲伤的练习，叫作"悲伤耳语者"。

为什么是"耳语"呢？有些人熟知动物本能，擅长用温柔的方法安抚或训练难以驯服的动物，通常被称为"耳语者"。悲伤可能比所有的猛兽都难驯服。进行每一次练习时，你会逐渐了解悲伤，发现自己并不孤独，从而调解并缓和悲伤。

你的最终目标,是按照自己的节奏,以自己喜欢的方式,为悲伤建造一个安身之处。我不能保证你的悲伤会烟消云散,甚至都不确定你是否希望悲伤散去,但随着你日复一日的努力,你终会用悲伤激发斗志,而非终日消沉。你会逐渐感受到悲伤之中的爱。我是怎么知道这些的?因为包括我在内的许多人已经从这52次练习中获益匪浅。我有时仍会被黑暗笼罩,或为困境所扰,但我已经掌握了许多应对悲伤的技能,这是我悲伤的第一年没有的。我还学会了在悲伤中充实生活。

请选择对自己有帮助的练习。你可以按顺序进行,也可以随便挑一个做。你可以一次做一个,也可以重复做一个或多个。建议找一个笔记本或相片剪贴簿与本书配合使用,这样就可以一边读书,一边做笔记、画图案、贴照片。

温馨提示:有时候做不愿做的事情是大有裨益的。我们最不愿面对的,可能就是最需解开的心结。心结解开了,其他各部位才能流畅地运转。

不要担心自己做错什么,一切都是合理的。悲伤本质上就是变化无常。你有时可能觉得自己做得不错,而后瞬间崩溃垮塌。这也是正常的。这种现象甚至还被归结为一个术语:悲伤爆发,或悲伤发作。悲伤并不遵循线性规律,没有统一的标准。人们经常给我留言,问我某种现象是否正常。我已经不再问自己这个问题了,是否"正常"对每个人都不一样。于是我换了一种问法:"这件事是否有利于自己想要的生活?"是,我就接受;否,我就试着改变它。如果不能改变,我也很有耐心。我是一位悲伤者,有时能坚持呼吸就心满意足了。

我经常把悲伤比作一朵向日葵,中心黑压压一片。我的悲伤漆黑幽暗,一成不变。这完全没问题,我会永远思念丈夫。但是围绕中心的黄色花瓣鲜艳美丽,数不胜数。起初,我的向日葵几乎没有花瓣,非常可怜。但是,我悉心栽培,用心浇灌,现在向日葵的中心已经被鲜艳的花瓣重重包围。那些花瓣,是自 2009 年丈夫撒手人寰那天开始,我经历的所有悲伤时刻变化而成的。

我坚信,悲伤的深度衡量了爱的高度。我坚信,心中有爱,无惧死亡。

## 第一周
## 悲伤的阶段划分？

看到上面的问号了吗？美国精神病专家伊丽莎白·库伯勒－罗斯（Elizabeth Kubler-Ross）①认为悲伤往往要历经几个阶段，包括否认、愤怒、纠结、沮丧和释怀等。我一直怀疑伊丽莎白自己兴许也心存疑虑：这些阶段真会逐一有序出现吗？且不说全部五个阶段，就算随便其中一个，也说不好要耗费多长时间。我的怀疑在大卫·克斯勒（David Kessler）②那里得到证实，他是研究悲伤情绪的专家，与伊丽莎白共事。所以，若有人说你的悲伤姿势不对，无论这人是谁，哪怕是个专家，你也别放在心上。要知道，你的任何情绪都合情合理。

### 第一日

你永远都走不出悲伤的漩涡；你永远都难以忘怀挚爱

---

① 伊丽莎白·库伯勒－罗斯（1929—2004），瑞士裔美籍精神病专家、濒死研究领域奠基人、作家，其主要作品有《论死亡和濒临死亡》《用心去活》等，在《论死亡和濒临死亡》一书中，她开创性地提出了悲伤的五个阶段。——本书注释均为译者注
② 大卫·克斯勒（1959—    ），美国著名作家、演说家、生死学家与悲伤情绪研究专家，曾与伊丽莎白·库伯勒－罗斯合作两本著作，在代表作 Finding Meaning 中提出了悲伤的第六个阶段，即"找到人生意义"。

之人的离去，一辈子魂牵梦绕；你会带着悲痛疗伤，重塑自我，但你不再是曾经的你，也不是想要的那个你①。

——伊丽莎白·库伯勒-罗斯

有人质疑伊丽莎白对于"疗伤"一词的使用，也不太相信悲伤的人还能重塑自我。我个人认为，人凡有变故，必异于往日，况且何必一定要同于过往呢？伊丽莎白此言点明了悲伤的双重性，即人一方面能回归正常生活，另一方面也明白今不同昔。

## 第二日

如果你正接受心理治疗，或者有人在指引你走出悲伤的荒野，然后借用伊丽莎白自创的理论指导你，即悲伤的阶段可以预知且有次序可循。请务必听我一句劝，远离他们……悲伤情绪难以自控，纠结如麻，更无律可循。

——汤姆·祖巴（TOM ZUBA）②

向不懂悲伤情绪的人求助无异于问道于盲。他们会打着"帮助你"的旗号，判断你所处的悲伤阶段，

---

① 本段摘自《当绿叶缓缓落下：与生死学大师的最后对话》，为伊丽莎白·库伯勒-罗斯生前写就的最后一本书。注：后文引言出处及引言作者著作，若已有中文译本，则按照中文译本名备注；若无，则按照英文原著名备注。
② 汤姆·祖巴，美国作家、人生规划师、演说家，因先后经历女儿、妻子、儿子的离世，从而专注于指导悲伤者走出悲伤，克服悲伤，代表作 Permission to Mourn: A New Way to Do Grief。

告诉你某些情绪是"不合适的"。然而,你的情绪要由自己做主。与其设定不切实际的目标,不如了解悲伤最本质的特征更有实际意义——悲伤情绪沉重如山且萦绕不散。假设你要骑一匹烈马,是骗你说这匹马温顺好驯服,还是直接告诉你这匹马天性顽劣更好呢?

## 第三日

悲伤不是呈线性发展的。总有人告诉我,某事发生了或者某事过去了,一切都会变好。但是这并非线性发展,而是无迹可寻。可能有几个钟头你过得挺顺,但有几周又会很糟心。或者说,幸福日子与难熬时光是交替并存的。背负伤感,你会在别人眼中与众不同,这点没有什么可以改变。

——安·胡德(ANN HOOD)[①]

悲伤情绪支离破碎,混乱不堪,有时悲喜交集,莫可名状。总是在最忧郁的时候,我们才会学着重温美好时光。胡德在博客中提起:"七情六欲我都有。看,我们心痛不已!看,我们爱比海深!"

---

[①] 安·胡德(1956— ),美国女作家,曾获保罗鲍尔斯短篇小说奖、小推车奖,其作品多以悲伤为主题,如 *Comfort: A Journey Through Grief*、*The Knitting Circle* 等。

## 第四日

某些精神病专家会说悲伤是一个过程；还有人说悲伤情绪最多也就持续两年，否则就是"不正常"的。如果掏掉悲伤，一个人只会剩下冰冷的躯壳。因爱故生悲，我们不该掩饰悲伤，也不该想方设法用快乐消弭悲伤。正因为悲伤，身处不同世界的两人关系才得以维系；悲伤标志着忠诚，标志着希望。

——丽贝卡·麦克纳特（REBECCA MCNUTT）[1]

每当听说悲伤者的故事时，我都努力发现故事背后表达的爱意，而非痛苦。日后我们所持续经受的悲伤，其实是来源于爱的高尚。悲伤会将我们紧紧连在一起，看到了这种关系体现的忠诚和希望，身处悲伤的我们或许受到鼓舞。

## 第五日

记不清在哪里读过，悲伤好似餐桌转盘。第一天，它呈上压抑、窒息；第二天转来盛怒；第三天，送来哀伤的痛哭；最终带来麻木和缄默。

——安·拉莫特（ANNE LAMOTT）[2]

---

[1] 丽贝卡·麦克纳特（1998— ），加拿大短篇小说家，毕业于新斯科舍社区学院，主要作品 Necromancy Cottage。
[2] 本段摘自《人生旅途中的恩赐：对信仰的一些思索》。安·拉莫特（1954— ），美国著名作家、演说家，主要作品有《关于写作：一只鸟接着一只鸟》《幽默与勇气：一个单亲妈妈的育儿日记》等，被誉为"人民作家"，入选加利福尼亚州名人堂。

日月如梭，悲伤随行，我们一次又一次地控制转盘的速度，控制好它呈递给我们的情绪。有时也控制得不那么好，但日复一日的修行总能让我们有所长进。

## 第六日

表面上看，悲伤有七个阶段，但这种归纳方式过于理想化。其实悲伤情绪凌乱不堪，毫无规矩。

——艾米丽·盖尔（EMILY GALE）[①]

不管你是不是喜欢循规蹈矩的人，悲伤的凌乱程度都会让你错愕不已。它无规律可言，不适合分阶段，也根本不是线性发展的事物。悲伤想到达哪个阶段就到达哪个阶段，想让你有何感觉就让你有何感觉，一点不受束缚。正因为如此，即便驯服悲伤具有可能性，那也是非常困难的。

## 第七日

否认、愤怒、纠结、沮丧、释怀，悲伤的这五个阶段组成了一个框架，让我们大致了解所爱之人离世之后我们将会经历什么样的心路历程。我们可以将这样的阶段划分作为一种手段，帮自己判断与归纳所经

---

[①] 本段摘自 The Other Side of Summer。艾米丽·盖尔（1975— ），英国儿童文学、青年文学作家，主要作品有 Steal My Sunshine、The Other Side of Summer 等。

历的种种感觉。但在漫长的悲伤时间轴上，这些阶段并不是固定的节点，也并非逐一排开。①

——伊丽莎白·库伯勒－罗斯

库伯勒－罗斯的这段话证明，她所划分的五个阶段只是一种参考工具，帮助我们理解所经历的心理活动。这些阶段并不是经历一次之后就不会再出现，其实它们毫无规律可循。比如，沮丧阶段也可能夹杂着愤怒。比如，周二你可能已经释怀，接受了最爱之人离世的现实，然而到了周三，你却又极度否认，不愿接受。比如，你可能认为已经度过了纠结阶段，但没过多久后再度经历。再比如，你可能经历了独特的悲伤阶段，经受了与众不同的感觉，但这些在别人那儿闻所未闻。如有类似情况，别怕，你没有发疯。这当然也是悲伤，你独有的悲伤历程。

---

① 本段摘自《论死亡和濒临死亡》。

悲伤耳语者

　　请写下你所经历的悲伤阶段，尽量清晰地描述正在经历以及以往经历的种种心理活动，并且相信你仍会再度经历。你可以按照顺序写，也可以在纸上随意乱写。或者你也可以画两张地图：一张是你实际的悲伤之旅，另一张是你想要的悲伤之旅。你的最终目的地是哪里？你能想象吗？沿途有需要参观的地方吗？

## 第二周

# 孤独

悲伤之中，最难过的关隘乃是孤独。纵有万人相伴，斯人若逝，整个世界亦空空如也。逝者无可替代：即使我们再寻人生伴侣，又获爱情结晶，或者重得宠物相伴，彼时彼地彼人也再难重现。这便是悲伤常驻的原因，往后余生，孤独之情也常伴我们左右。心中虽怀孤独，但也不妨碍我与他人保持良好稳固的情谊。在我看来，丈夫离世，我之所以有孤独感，是因为我依然念他，也是对我们爱情的尊重和纪念。

## 第一日

没有比悲伤更让人孤独的了。有时我想呼喊："求求你看看我，帮帮我吧，我这么伤心，你看得到吗？"但他们无非是坐在身边小声慰藉，最多给我递张纸巾……根本触及不到我忧思翻滚的内心深处。

——约翰·马斯登（JOHN MARSDEN）[1]

---

[1] 本段摘自 *While I Live: The Ellie Chronicles 1*。约翰·马斯登（1950— ），澳大利亚儿童文学、青年文学作家，包揽澳大利亚青年文学各大奖项，2008年获阿斯特里德·林德格伦纪念奖（*Astrid Lindgren Memorial Award*）提名，主要作品有《明日战争：当战争来临时》等。

这就是悲伤带来的孤独。你想让人们理解、关注到你心中的悲伤,但你知道他们也无能为力。唯一有效之途又绝无可能:让爱的人复生。这种孤独可否消除?会,也不会。比起丈夫刚去世的那段时间,我在公司上班的时间更多。置身于忙碌中,我便会忘却孤独,特别是想起某人时的孤独。

## 第二日

悲伤而生孤独之感。你的孤独只属于你,独属于你。

——德布·卡莱蒂(DEB CALETTI)[1]

虽然还有很多人也对我丈夫很好,也很想念他,但悲伤不会因此得以共享。大家都与他有着珍贵的回忆,虽然听别人述说他的故事我很是欣慰高兴,知道有人记着他、爱着他、为他伤心,但从某种特殊意义上来说,他只属于我,悲伤亦然。这听起来可能有点奇怪,但他是我的另一半,这种关系的特殊性也让我承受的悲伤与孤独与众不同。我困陷于孤独良久,但现在我很感激悲伤衍生的孤独。

---

[1] 本段摘自 *The Last Forever*。德布·卡莱蒂(1963— ),美国小说家,曾获美国国家图书奖提名、华盛顿州图书奖,主要作品有 *Honey, Baby, Sweetheart* 以及 *A Heart in a Body in the World* 等。

第三日

　　我想念你的脸庞，还有那阳光灿烂的笑容。无论天气怎样，你的笑容温暖常在。已是寒冷的冬月，遍寻不着如此的笑颜。只有当我想起你，心底才有一丝暖意。

——凯莉·艾尔莫尔（KELLIE ELMORE）[1]

　　这句话让我明白了为什么会孤独。我怀念的并非过往的笑脸。我怀念的只是那张面孔，那张现实中再也触碰不到的面孔。我不能接受的是我深爱的面孔只存留在记忆和照片中，再无觅处。失去所爱之人的孤独感，让我更难挤出笑容。但当他在我脑海中浮现时，我总面带微笑，即使常伴着泪水、愤怒、恐惧或困惑。

第四日

　　诚然，悲伤的旅程极为孤独，但孤独到底多深，由你自己掌握。

——伊丽莎白·贝里安（ELIZABETH BERRIEN）[2]

　　悲痛之旅有多么孤独，真的能由自己决定吗？那

---

[1] 本段摘自 Jagged Little Pieces。凯莉·艾尔莫尔，美国短篇小说作家、诗人，主要作品有 Magic in the Backyard、Candy From Strangers 等。
[2] 本段摘自 Creative Grieving: A Hip Chick's Path From Loss to Hope。伊丽莎白·贝里安（1950—），美国钢丝雕刻家、作家，被誉为"美国钢丝雕塑大师"，曾获克里奥广告奖（Clio）、奥比奖（Obie）等国际大奖。

我可以选择走过悲伤的方式吗？我的孤独来自心底，延续不断，但或许我可以说些话、做些事，调节一下感情。倘若我能想到孤独感可能会减轻，那就为自我治疗打开了大门。我既可品味孤独，亦可屏蔽孤独。

第五日

你最需要、最期待的回答，没人能够给。熄灯之后，独自躺在床上，伴着亲人离世所带来的孤独，在酸楚中的喃喃自语，更是无人回应。

——李·汤普森（LEE THOMPSON）[1]

所爱之人去世后，有很多问题困扰着我们，却没有答案。我们的世界已经支离破碎，我们却无力拼凑，有时甚至都不知是否愿意再去拼凑。一切都失去了意义。时与日驰，丧爱和孤独之痛不减反增。但这种孤独因爱而生。孤独中爱意为我们照亮一片天，慰藉我们的心灵。爱是胶水，黏合忧伤破碎的心灵。

第六日

然后我意识到，拿起电话，却不知道拨什么号码，哀莫大于此。就奥古斯都·沃特的离世而言，我最想

---

[1] 本段摘自 *The Dampness of Mourning*。李·汤普森，美国悬疑惊悚小说、科幻小说作家，主要作品有 *A Beautiful Madness*、*It's Only Death* 等。

敞开心扉对其倾诉的，就是奥古斯都·沃特本人。

——约翰·格林（JOHN GREEN）[1]

整整八载已过，生活中万事细如毛，有时我会在脑海里列一个名单，想着找个朋友打电话倾诉心事。名单固然很长，但最后我往往不会拨号，因为我唯一想要分享的人就是我的丈夫。我渴望听到他的声音，看到他的眼神，望见他嘴角的微笑。我曾经乐意与其分享一切的那个人，现在我仍想与其分享所有的那个人，已不在这个世上了，这让我不知所措，痛苦不堪。

## 第七日

没人告诉我悲伤者究竟有多孤独。不管还有多少人陪你悼念，你的小天地里只有你独自一人。即使别人过来安慰，你也清楚现在有一道悲伤之墙将你们隔绝。

——朱迪·皮考特（JODI PICOULT）[2]

我听过许多悲伤者述说，他们即使身处人群仍倍

---

[1] 本段摘自《星运里的错》，原著已改编为电影于2014年在美国上映。约翰·格林（1977— ），美国著名作家、编剧，YouTube原创视频红人，曾获美国图书馆协会普利兹奖、年度青少年文学最佳图书等奖项，2014年被《时代周刊》评为世界100大最具影响力人物，主要作品有《纸镇》《无比美妙的痛苦》等。
[2] 本段摘自《渺小的伟大》。朱迪·皮考特（1966— ），美国当代著名畅销书作家，作品被译为34种语言出版发行，主要作品有《姐姐的守护者》《事发的19分钟》等。

感孤独，就好像和其他人相比身处另外的世界。那堵悲伤之墙，横亘在我们与他人及生活之间，我们能跨越过去吗？我们能否活在当下，忘记悲伤？毕竟，我们生活在无限可能之中。但我们无法估量达成这一目标要花费多长时间，往往此刻尚谈笑自若，下一秒又落入孤独寂寞的深渊。

悲伤耳语者

闭上眼睛，在脑海里想象看着所爱之人的眼睛。伸出你的手，在想象中握住他们的手。尽量平稳呼吸，保持安静。请求他们陪你一会儿，问问他们有何建议，能够让你在一直想念他们却没有他们的日子里好好生活。如果你什么也听不到，那就想象一下他们会说什么。通常沟通交流的大门，就是想象力打开的。

## 第三周
## 回忆

　　是不是我的所有回忆都充斥着逝者的身影？并非如此，其实每天都在产生新的回忆。然而，前尘往事中只有我的丈夫。是让悲伤牵引着我走入悲伤痛苦的记忆河流，还是在回忆中找寻喜悦和快乐？往事历历在目：相亲相爱的日子，互不相让的日子，倍感孤独的日子。我丈夫的模样，以及我们的过往，我都要铭记在心。我时常向别人提起我丈夫，这样就等于他留在我的身边。无论你所爱之人健康长寿，还是你曾受过流产之苦，或是经历过孩子夭折之伤，你总是有回忆的。回忆，是我喜欢的到访之处。

### 第一日

　　回忆既能从心底温暖身体，也能从心底切割你的躯干。

　　　　　　　　　　　——村上春树（HARUKI MURAKAMI）[1]

---

[1] 本段摘自《海边的卡夫卡》。村上春树（1949— ），日本当代著名作家，曾获安徒生文学奖、耶路撒冷文学奖等，主要作品有《刺杀骑士团长》《1Q84》《海边的卡夫卡》《挪威的森林》等。

回忆能带给我们温暖和寄托。相反，正是因为知道这些回忆不会重现，我们才深受其伤。每到玫瑰花开的季节，我都会记起把丈夫叫到后院，和我手牵手，一同欣赏花园里盛开的玫瑰的日子。回忆带来温暖，让我们多共处一会儿，这是件好事。

## 第二日

回忆突然涌现、逐渐消散、再度重现，让我们熬过漫漫长夜，努力生活。

——德鲁·迈伦（DREW MYRON）[①]

我经历的悲伤，完全出乎意料。眼前一片漆黑，起初我觉得总会有光亮，却寻不到光亮在何处。或许我已经走到有光亮的地方，却看不到。我甚至不知道该如何呼吸，但我还在呼吸。有的时候，回忆起与丈夫相爱的岁月往昔，即便悲伤，我也充满生气。当我将回忆拼凑完整时，它告诉我如何熬过长夜，努力生活。

## 第三日

悲伤的沙砾，给我们带来痛苦，我们将它们凝结

---

[①] 本段摘自 *Thin Skin*。德鲁·迈伦，美国作家、诗人、记者，主要作品有 *Sweet Grief: Paintings & Poems on Love and Loss*、*Thin Skin* 等。

成珍珠，那便是我们对于所爱之人的回忆。

——杰夫·曾特纳（JEFF ZENTNER）[1]

软体动物受到刺激时，会分泌物质将刺激物包裹起来，使自己免受伤害，珍珠就是这样形成的。悲伤是一种强大的刺激物，长留在我们心间，我们是不是也能利用回忆，保护自己免受伤害呢？如果悲伤情绪久驱不散，我们是不是也可以用美丽的东西将其包裹？比如回忆？

## 第四日

盯着这些照片，我开始想，曾经，这些可都不是回忆啊。

——斯蒂芬·卓博斯基（STEPHEN CHBOSKY）[2]

照片，如同回忆，可以带来快乐，也可以带来痛苦，或者两者兼而有之。我丈夫的照片都摆在家里我肯定能看到的地方。我爱他的脸庞，但有时候，一想到这脸庞已不复存在，我就悲伤，或者气愤不已。拍这些照片时，我从未想过这是他留给我的最

---

[1] 本段摘自 Goodbye Days。杰夫·曾特纳，美国青年文学、当代文学作家，主要作品有 The Serpent King、Goodbye Days 等。
[2] 本段摘自《壁花少年》。斯蒂芬·卓博斯基（1970— ），美国著名作家、编剧、导演、演员，曾获第22届金卫星奖人道主义奖、第23届美国评论家选择电影奖最佳改编剧本奖（提名），主要作品有《无处不在的四个角落》《壁花少年》等。

多的东西……

## 第五日

悲伤的世界无法有序考据。它更像是铁锹下的泥土，重见天日的还有更多，令人惊讶。除了记忆，还有心态、情感和曾经的世界观。

——海伦·麦克唐纳（HELEN MACDONALD）[①]

有些人害怕会忘记回忆。我则喜欢淡忘一段记忆，然后重新寻回。过去的事情和我的回忆一样吗？无所谓。我从中找到了往昔的情感、曾经的想法，最重要的是，我找到了爱。

## 第六日

他小时候的照片为什么这么难看？让往事随风而逝吧。我们已不能在一起回顾彼此共享的精彩瞬间，只有我这个未亡之人独自回想。既然不能共生，也未曾同死，我只能默默怀念。我们之间，不会再有新故事了。

——尼古拉斯·沃尔特斯多夫（NICHOLAS WOLTERSTORFF）[②]

---

[①] 本段摘自《海伦的苍鹰》。海伦·麦克唐纳（1970— ），英国作家、博物学者，代表作《海伦的苍鹰》曾获萨缪尔·约翰逊奖、科斯塔奖，其他著作还有《隼》《谢勒的鱼》等。
[②] 本段摘自 Lament for a Son。尼古拉斯·沃尔特斯多夫（1932— ），美国作家、哲学家、神学家、耶鲁大学教授，曾任美国哲学家协会中部分会主席、基督教哲学家学会主席，主要作品有 Justice in Love、Hearing the Call: Liturgy, Justice, Church, and World 等。

我的回忆仍在，但已经不能与你共享。我们再也不能争论谁记性好、谁记性差了。我们再也不能一起哭，一起笑。在某种意义上，我的回忆更强烈、更珍贵。我守护着所爱之人的生平往事，那些回忆在我这里变得鲜活。这是一种责任，赋予我的生命新的意义。

## 第七日

我们曾经享受过的，永远不会失去。我们深爱的一切都会成为我们的一部分。

——海伦·凯勒（HELEN KELLER）[①]

死亡虽然夺走了丈夫的生命，但只要我保持坚强，它就掠不去我们在一起的快乐时光，这是我最大的安慰。我们深爱的人会与我们融为一体。虽然随着时间推移，有时会感觉困难，但我调整情绪的能力也随之提升，因为我越来越觉得丈夫已与我融为一体。我对他的爱只增无减。我感觉到他继续牵着我的手，带着我前进。你也有这种感觉吗？

---

[①] 海伦·凯勒（1880—1968），美国著名作家、教育家、慈善家，被评为"20世纪美国十大英雄偶像之一"，代表作有《假如给我三天光明》《再塑生命的人》《走出黑暗》等。

## 悲伤耳语者

悲伤最能摧残人心智的有力武器之一就是扭曲我们的记忆。这次练习名为"回滚记忆",我个人受益良多。您可以根据自身情况灵活使用。许多患有创伤后应激障碍的士兵和普通民众尝试过本练习,效果颇佳。

躺下,或选个舒服的地方坐下。根据个人喜好,也可以放几首昂扬向上的乐曲。选择一段情节较长的回忆,一段你经历过的幸福时光,然后回到过去。不去想所爱之人的离世,不去想悲伤有多难受。你若觉得已经完全置身过去,便在记忆拉开序幕的时候,环顾一下四周。你都看到了什么?听到了什么?触摸到了什么?品尝到了什么?闻到了什么?身体感觉到了什么?尽可能具体一点。天气怎么样?你都说了些什么?周围有没有噪音?如果不小心回到了现在,轻声提醒自己,你依然停留在过去。注意察觉自己的心理变化。你有没有感觉到温暖?有没有觉得很安全?有没有感觉到快乐或有其他美好的方面?你想沉浸在这些美好的感觉中多久,就停留多久。当你准备好了,想到你总要回来的时候,就把自己包裹在这些美好的感觉中。如果你愿意,可以在回忆周围放置一副"盾牌",或者给回忆注入白光。

现在,以适宜的节奏,带着记忆回到现实中,让回忆保持原有的样子。现在记忆,与美好感觉对接在一起,正如其本质一样。

## 第四周
## 我现在是谁？

珍爱之人去世后，出现"我是谁"的困惑是很常见的。这是因为在他们去世之前，我们不太会意识到，我们的内在已经与他们紧紧相连。你的内在可能看起来破碎不堪，陌生若路人。你可能感觉自己也死了。一个很普遍的现象是，曾经喜欢的东西，现在几乎没什么兴趣可言。然而，渐渐地你最终会知道你是谁。你感觉现在的你像曾经的你吗？可能不会。总会有些许改变和差别，这没什么。

### 第一日

即便你还活着，没有了那个曾伴你左右的人，熟悉的场景也会陌生。房间里的一切，甚至天空中的星星，都可以在一秒钟内消失，从一个场景换到另一个场景，就像在梦里一般。

——黄宿涌（HWANG SOK-YONG）[1]

---

[1] 本段摘自 *The Old Garden*。黄宿涌（1943— ），韩国作家，曾入围2019布克国际奖，主要作品有 *At Dusk*、*The Shadow of Arms* 等。

丈夫去世后，我不会说"他走了"，而是"我们走了"。他在世的时候，我从没感觉到我与他如此密不可分。我们都是喜欢独立的人。我曾独自环游世界，最远到过非洲马里的廷巴克图。不管我在哪里，无论我在做什么，他都在家里等着我，我就感到安心。他去世后，我的存在感便彻底崩塌，我找不到活着的意义，甚至都不想再活下去。我花了很长时间才重新找回完整的自己。我在想象中创造了一个新的他。这个他没有呼吸，没有生命，但他帮助我活下去。

## 第二日

在这个世上的我到底是谁？唉！真让人困惑。

——刘易斯·卡罗尔（查尔斯·道奇森）[1]

当你爱的人不在人世后，弄清楚你是谁相当于做拼图游戏，需要创造力、时间和勇气。可能你怎么也拼不好。随着时间的推移，图版会再度拼合在一起，但其形状将与你熟悉的不同。你有可能惊艳众人，但你将永远不会是原来的你。

---

[1] 本段摘自《爱丽丝梦游仙境》。查尔斯·道奇森(1832—1898)，笔名刘易斯·卡罗尔，英国数学家、逻辑学家、童话作家、牧师、摄影师，《爱丽丝梦游仙境》为其代表作。

第三日

　　毁灭之地，有毁灭也有重生。毁灭之地，有漆黑也有光亮，有汪洋也有涸土，有淤泥也有甘露。悲哀就是要在这里建立家园。

　　　　　　——谢丽尔·史翠德（CHERYL STRAYED）①

　　我们很容易只看到毁灭之地的"毁灭"，难以找寻"重生"。我们置身黑暗之中，找不到光亮，触目皆是断裂干涸的土地，找不到一滴水；踏遍泥泞，无处可寻甘露。但当你做好准备，你或许会发现，你是多么具有创造力，又承载着多少亮光。每一个悲哀的人都携有爱的光芒。在悲伤中找到安身之所，这就是悲伤时要做的。

第四日

　　我怕它停不下来，我怕我所有的骨头都会消失，我怕总有一天我不再存在。那样的话，我就再也站不起来，再也不能走动。大多数情况下，我的担心无关紧要。因为我无处可去，也无事可做……这不仅仅是一处伤痕，而是一个巨大的、裂开的黑洞，将所有的

---

① 本段摘自 *Tiny Beautiful Things: Advice on Love and Life From Dear Sugar*。谢丽尔·史翠德（1968— ），美国作家、主持人，其作品曾两度入选美国最佳散文，主要作品有《走出荒野》《火炬》等。

光，所有在意的东西，都吸进了里面。

——露易丝·佩妮（LOUISE PENNY）[1]

我也觉得我不复存在了。丈夫撒手人寰那刻，我感觉到我的身体、我的情感、我的精神都随他一起离开了。然后，就像一个魔术，一个我甚至不知道自己也在表演的魔术，我的灵魂开始出窍。我出现在生活过的地方，等待往事再度重演。我帮助了别人，同时也帮助了自己。八年后，我来到了这里。如果我消失了，用不了多长时间，我可以在一个小时内，最多一天之内回来。我是一个身怀悲伤的人，是一个内心失衡的人，但我归根结底是一个人。我想我一直都是。如果我们从所爱之人的眼中而非自己的眼中来看自己，我们就会对自己有不同看法。他们对于我们的信心与信任，能够取代我们自身的自我怀疑。

## 第五日

"如果要让破镜重圆，那就需要找到所有的碎片，而且要有足够的技巧和耐心重新拼凑起来。修复后的镜子满是裂痕，如同蜘蛛网一般，没什么用处，只是

---

[1] 本段摘自 *The Nature of the Beast*。露易丝·佩妮（1958— ），加拿大侦探小说女王，作品被译成23种语言出版发行，曾5次获得安东尼奖，5次获得阿加莎奖，主要作品有《伊甸园的蛇》《全面清算》等。

一面重新黏合的碎镜子罢了,连镜子里的映像都是破碎不堪。"

——伊丽莎白·伍兹(ELIZABETH WURTZEL)[1]

生命中那些最重要的人离世,我们会崩溃、会心碎。在拼凑碎片的尝试中,我们可能会发现,自己是谁都搞不清了。但有些意想不到的事情可能会发生。茫然中我们或许会惊讶地发现,我们具备了新的能力,养成了新的性格,而这些都是在悲伤袭来之前我们未曾发觉的。

## 第六日

逝者并不是唯一消失的人,如果你悲伤过度、魂不守舍,你也会消失在人们的视野中。我仍不知所措,也不知道是否愿意出现在别人眼前。

——萨拉·德森(SARAH DESSEN)[2]

要找回自我还是等别人寻回?我既不想一个人待着,又不想和别人在一起。与世隔绝很容易,但成为社会的一分子也有必要。为了做到这一点,我

---

[1] 本段摘自《普罗萨克王国》,原著已改编为电影于2001年在美国上映。伊丽莎白·伍兹(1967—2020),美国作家、记者,27岁时凭借独白式自传《普罗萨克王国》扬名文学界,其他著作还有 Bitch: In Praise of Difficult Women 等。
[2] 本段摘自 Once and for All。萨拉·德森(1970— ),美国小说家,曾获玛格瑞特·A.爱德华兹终身成就奖,主要作品有 That Summer、Dreamland 等。

设立的第一条原则就是现身。我的日程表既安排了社交活动,也留出了独处休息的时间。如果人们选择与世隔绝,我感同身受,但并不评判。但是,对我来说,确保自己不会消失,就要出现在别人的视线中。我最不想被别人发现的时候,往往是我最需要找回自我的时候,同样,也是需要被别人找到的时候。

## 第七日

没有人能告诉我我是谁。你们可以描述我的一部分,但是我是谁以及我需要什么只能由我自己寻找答案。

——齐诺瓦·阿切比(CHINUA ACHEBE)①

很少有人能教会我认识自己,大多数仅仅是白费口舌,讲些陈词滥调。我只想要我得不到的东西,那便是死者复生。若你不知悉这一要义,你就难以了解我是谁。有人曾问过我:"你好吗?"我回答道:"很好,谢谢。当然,我的丈夫还是没回来。"真正能帮助我的人,从不告诉我我是谁,我该做些什么或者我

---

① 齐诺瓦·阿切比(1930—2013),尼日利亚著名作家、诗人和评论家,被誉为"非洲现代文学之父"。他的成名作《瓦解》是非洲文学中被最广泛阅读的作品,入选20世纪非洲百佳图书前12名,其他著作还有《动荡》《神箭》《人民公仆》等。

该作何感受，他们会教我发掘新的自我。与我分享自身经历的人使我不再那么孤单，也使我看得到其他可选择的道路。

# 悲伤耳语者

这个练习可以帮助你深入了解自己的方方面面。

你可以大声读出你的答案，也可以写下来；你可以自己完成，也可以找个同伴一起完成。

填写以下空格：我是_____。是的，我是_____，但我也是_____。（也可以是我觉得_____。是的，我觉得_____，但我也觉得_____。）

例："我是一个身怀悲伤的人。是的，我是一个身怀悲伤的人，但我也是一个作家。我是一个作家，但我也是一个乐于助人的人。是的，我是一个乐于助人的人，但我也是一个赖床的人。是的，我是一个赖床的人，但我也是喜欢外出散步的人。我觉得一直很伤心。是的，我觉得一直很伤心，但我也觉得在看到小狗照片时很高兴。是的，我觉得看到小狗照片时很高兴，但我也容易生气。是的，我容易生气，但我也喜欢玩拼字游戏。我陷入了困境。是的，我陷入了困境，但我能够坚持走下去。"

写出至少25个这样的句子。遇到最难熬的困境时，更多地反省自己、重复这些语句尤为重要。

## 第五周

# 美

悲伤很可怕，它让我们失去发现和欣赏美的能力。当一个人陷入悲伤，美丽与色彩便无踪影，黑白的世界空无欢乐。如若寻得半分欢乐，愧疚感就随之而来。悲伤来临，我们随时随地沉浸其中，无法自拔。实则美就在那儿，美无处不在。请握住所爱之人的手，请他/她帮你重新睁开眼睛，重新发现无处不在的美好。

### 第一日

我发现美无所不在，自然、阳光、自由和自身之美都可让你受益。

——安妮·弗兰克（ANNE FRANK）[①]

如果一个见识过纳粹恐怖罪行的13岁女孩都可

---

[①] 本段摘自《安妮日记》。安妮·弗兰克（1929—1945），德籍犹太人，用13岁生日所得到的礼物（日记本）记录了自己的密室生活，即从1942年6月12日到1944年8月1日亲历二战的场景，成为第二次世界大战期间纳粹德国灭绝犹太人的著名见证。安妮一家被捕后，日记本被米普·吉斯发现并保存下来，二战后，1952年再版时更名为《安妮日记》，成为全世界发行量最大的图书之一，有多国语言的翻译版本，被拍成戏剧、情景剧、短片和电影。1999年安妮入选《时代杂志》"20世纪全球最具影响力的100个人"。

以发现美,处在悲伤中的我们为什么不能呢？安妮·弗兰克在自然、阳光和自由中发现美并受益良多。那你会在哪里发现美呢？如果你看不见美,你愿意尝试找到它吗？

## 第二日

深思地球之美者必能发觉源源不断的力量,像生命一样生生不息。自然重复的副歌中,总有一些给你慰藉,比如黑夜过后是黎明,暖春原从寒冬来。

——蕾切尔·卡逊（RACHEL CARSON）[1]

悲伤就如同漫漫黑夜、无尽寒冬。地球节奏之美提醒着我们,不论黑夜有多长,太阳依旧会升起。有些伤痛值得被铭记,但是有比伤痛更重要的东西值得去体验。地球何其广袤,宇宙何其浩瀚。如果脆弱的你我无法承受这巨大的悲伤,何不请大自然一同分担。如此,外界的美丽与慰藉便会渗透我们的内心、灵魂和生活。

---

[1] 本段摘自 *The Sense of Wonder*。蕾切尔·卡逊（1907—1964）,美国著名海洋生物学家、作家,卡逊的其他著作还有 *The Sea Around Us*、*Under the Sea Wind* 等。

## 第三日

当所有战争结束，蝴蝶将依然美丽。

——拉斯金·邦德（RUSKIN BOND）[①]

能否在悲伤之役中宣布和平？我不知道，但我知道蝴蝶依然美丽。如果我们能够透过悲伤的窗子看见蝴蝶的美丽，我们就能稍作联想。这份悲伤，我们不能与最想分享的人分享，却可以承认它的存在，并乘着它的翅膀飞翔片刻。

## 第四日

世界温润美丽，她呼唤着我们，我们应当做出认真而常新的回应。这是个问题，是个重要问题，而世界每天早上都会向你抛出这个问题。"你还在这个世上，有什么想评说的吗？"

——玛丽·奥利弗（MARY OLIVER）[②]

每一天的每一刻都在召唤我们，让我们去回应、去评说、去做自己。每一天的每一刻，我们都要做出选择：继续睡觉还是起床，即便是赖床几分钟；戴着

---

[①] 本段摘自 Scenes From a Writer's Life。拉斯金·邦德（1934— ），当今印度文坛最活跃、最著名的英语作家之一，曾获"莲花装勋章"和"莲花士勋章"（印度最高级别的公民奖项），主要作品有《我们的树仍在达拉顿生长》《房顶上的房子》等。
[②] 本段摘自"Long Life"一诗。玛丽·奥利弗（1935—2019），美国著名诗人，曾获美国国家图书奖、普利策奖，著有《夜晚的旅行者》《美国原貌》等诗集。

悲伤的眼罩,还是重新睁开眼睛。尽管我想弃世而去,愿遗世独立,但我依然身处红尘。可问题依然在,"我这一生要做些什么?""什么时候我才能不再沉默,而是时时大声回答'没问题'?"

## 第五日

很多人的目光掠过草地,却没有几个人能看到草地里的鲜花。

——拉尔夫·瓦尔多·爱默生(RALPH WALDO EMERSON)[①]

草地代表着生活,是一幅巨大的画布,一眼望不到边。我丈夫热爱生活,我觉得有责任为他而活,同样也为自己而活。我想拥有一双掠过草地即可注意到鲜花的眼睛。我带着爱意四处打量,悲伤总是让人想起爱。

## 第六日

你哭了很久,之后是久久的失落与挫败。后来不知何故生活又重新开始。伴着满腔伤悲而来的,也有隐隐作痛的美丽,但这种美丽,人们可能不会立刻察

---

[①] 拉尔夫·瓦尔多·爱默生(1803—1882),美国思想家、文学家、诗人,是确立美国文化精神的代表人物,被前总统林肯称为"美国的孔子""美国文明之父",主要作品有《论自然》《生命》等。

觉到它的存在。

——安·拉莫特

问题在于，我们很少能从悲伤中发现美。悲伤甚至可以遮天蔽日。儿时你用彩色蜡笔画一幅画，然后用黑色蜡笔涂抹，将彩色覆盖。之后，再把黑色涂层刮除，露出彩色。悲伤亦复如是。悲伤时期要做的事情就是刮除的过程，这个过程与其说是为了寻找美，不如说是培养发现美的能力。悲伤之人需要一副眼镜，帮助受损的眼睛看到美丽。

## 第七日

离它越近，它就越亮。这光线非常美丽，难以用语言形容。

——詹姆斯·L.加洛（JAMES L. GARLOW）[①]

我们希望心爱的人去世后能够去到某处美丽之地。我想他们也同样希望我们能够生活在美丽的环境里。所爱之人去世后，世界转而陌生，让人倍感孤独。然而，天堂或许很美，人间美景更值得流连。

---

[①] 本段摘自 *Heaven and the Afterlife*。詹姆斯·L.加洛，美国作家、历史学家、评论员、牧师，主要作品有 *How God Saved Civilization*、*The Covenant* 等。

## 悲伤耳语者

　　一天之中，随时闭眼，而后睁眼，看到美丽之物否？不管置身何处，你都能找到至少一件美丽的事物吗？你可以观察并记住它，也可以付诸笔墨、绘于丹青，或者录音录像。以上所述，即可培养重新发现美的能力。如果目睹美丽之物使你感怀伤心，请参照第3周的练习。记住与所爱之人共享良辰美景之时，亦将当下美好与其分享。若想在悲伤中保持自我，需磨炼自己，培养寻找新地方、发现新事物的能力。不必刻意忘记悲伤，喜乐欢畅会自然滋生，大千世界仍五彩缤纷，让你暗暗称奇。

# 第六周
# 时间

虽然我们知道计量时间,然而在悲伤之时,时间计量标准都失效了。对我们而言,世界已陷入停滞,而他人早已忘怀,照常度日,你难免有些微词。悲伤不会停泊在时间的渡口。悲伤之痛无时无刻都来侵袭。我们的心爱之人似乎不止死了一次。每次想到他们,想到往后余生再也没有他们的参与,我们似乎又经历了一次生离死别。时间时而似箭飞逝,时而缓慢挪步。我们回不到过去,也无法让我们心爱的人复活。我们该如何继续生活,如何用爱将悲伤化作激励呢?

## 第一日

悲伤永恒。举手投足、呼吸之间,悲伤萦绕不散。我的追思无穷无尽,因为我对她的爱从未停止。无可奈何,我只能爱她,爱此人世,以她为楷模,鼓足勇气、坚定勇敢、笑对人生。

——珍迪·尼尔森(JANDY NELSON)[①]

---

[①] 本段摘自《天空之下》。珍迪·尼尔森(1965— ),美国作家,曾获普利兹奖,主要作品有《天空之下》、*I'll Give You the Sun* 等。

悲伤日夜相伴，它每时每刻都在告诉我所爱之人已然离去。我每时每刻无不爱痛交织，这是一道关隘。我丈夫热爱生活，我要如何回首他的人生，走他走过的路？我终能学会以他的精神、他的活力继续前行，留存这份爱藏在心头，露在眉头。

## 第二日

有些人去世，会让你悲伤，让你痛苦，大概是轻微的刺痛。还有一些人的去世会让时间停止，天空会因此终日阴暗，因为连太阳都在哀悼；你的肌肉也因而失去力量；音乐也会戛然而止。

——帕特里西亚·阿马罗（PATRICIA AMARO）[1]

人们以为悲伤只有一种。他们或许认识逝者，但余悲易散，因此不解为何有人从此心碎难愈。有的人死了，时间也随之却步。尽管依旧斗转星移，悲伤之人却只见日月凝固。

## 第三日

有人说时间可以治愈一切创伤，我并不这么认为。伤口依旧。随着时间推移，头脑为了保持理智，用疤

---

[1] 本段摘自 *The Doleful Passing of Lilies*。帕特里西亚·阿马罗（1993— ），美国青年文学、惊悚小说作家，代表作 *The Doleful Passing of Lilies*。

痕掩盖伤口，疼痛随之减轻，但伤口却永不消失。

——罗斯·菲茨杰拉德·肯尼迪（ROSE FITZGERALD KENNEDY）[①]

身处悲伤之时，身边人会用"时间治愈"理论安慰我们。时间可以减轻痛苦或改变我们痛苦的本质。每个人的人生道路不同，但所有的道路都离不开这一点：开始重塑自我时，我们便学会了忍受痛苦。我们伤痕累累，但我们还活着。

## 第四日

时间根本不会带来解脱，你们都在撒谎，是谁告诉我时间会减轻痛苦？！

——埃德娜·圣·文森特·米莱（EDNA ST. VINCENT MILLAY）[②]

所到之处，皆是所爱之人的影子。丈夫从未见过我现在的住处。但没关系，每个房间都充满了我对他的回忆。我们无时无刻不在思念所爱之人，时间不会改变这一点。时间的流逝带不来改变，我们只有学会接受时间的馈赠，才会有所改变。

---

[①] 罗斯·菲茨杰拉德·肯尼迪（1890—1995），美国慈善家、社交名媛，美国第35任总统约翰·肯尼迪的母亲。
[②] 本段摘自"Time Does Not Bring Relief"一诗。埃德娜·圣·文森特·米莱（1892—1950），美国著名诗人、剧作家，1923年获普利策诗歌奖，主要作品有诗集《竖琴编织人》《新生及其他》等。

## 第五日

悲伤会把生命的时钟拨快,抑或调慢。

——琳达·切德琳·菲尔(LYNDA CHELDELIN FELL)[1]

对于悲伤的人来说,时间的流速是不一样的。有人称之为新常态,有人称其为新反常态。所爱之人的离去是一个节点,将我们的人生分为两段。将两段人生贯通的那条线,便是爱。

## 第六日

爱变成长久的思念,这便是悲伤……不是多少分钟、多少小时、多少天,而是永恒。

——罗莎蒙德·勒普顿(ROSAMUND LUPTON)[2]

对于悲伤者而言,思念是余生永恒的主题,也是平日不可或缺的旋律。思念不仅旷日持久,而且无可抑制。思念绵绵不绝,如何才能重获新生?思念隐隐作痛,有时心如刀割,能否变成纪念所爱之人的印记?我能否穿越这不尽悲思,在漫漫岁月里恢复自由的灵魂?

---

[1] 琳达·切德琳·菲尔,美国教育家、演说家、文学家,主要作品有 Grief Diaries 和 Real Life Diaries 系列故事集。
[2] 本段摘自《亲爱的妹妹》。罗莎蒙德·勒普顿,英国作家、书评人,主要作品有《沉默的告白》《从此以后》等。

第七日

　　互助小组的指导老师曾讲过：当所爱之人离世，你会觉得自己就像被禁锢在密闭的屋子里。屋外人来人往，车水马龙。随着时间推移，你会注意到屋子有个出口，需要你迈出去。你终会一步步走出屋子。

——杰米·夸特罗（JAMIE QUATRO）[①]

　　站在玻璃后面，看着世界上其他人的生活仍在继续，你也许会因此生恨，你会如何迈出步伐并重新回到他们的行列呢？我会迈过去，但也会后退一步。这个出口是可以后退的。准备好迈出去的时候，我的策略是不去拼命尝试，我允许自己休息一下恢复体力。

---

[①] 本段摘自 *I Want to Show You More*。杰米·夸特罗，美国作家、《牛津美国》杂志编辑，主要作品有 *Fire Sermon*、*I Want to Show You More* 等。

# 悲伤耳语者

　　闭上双眼，来一段时光旅行。你可以放点儿轻柔的音乐，也可以设定闹钟。你的时光穿梭机是什么样子？操控盘又是什么样子？尽情想象。你的时光穿梭机必须能够在过去、现在或未来的任何地方停下来，而且具备低速高速双重模式。它要能够自动将你带回到此时此地，但重回现在的你可能或多或少地有所改变。

　　决定一下去哪里。想忘掉某一段回忆吗？想回到过去某个时期吗？或许那时你正与所爱之人计划做点什么。你决定了目的地之后，就尽快设定时光穿梭机的驾驶速度。调整你的操控盘，记住将回程刻度盘设置为此时此地。

　　到达目的地后，想在那儿待多久就待多久。注意观察每件事。如果你准备好回到现在，那就带个小包裹回来，可以是一件纪念品，或者仅仅是一种美好的感觉，带走的东西要有用处或者能让你感觉舒服。同时也要把你想要留下的东西，或是现在不想带在身边的物品打包。至于时光穿梭机，你想用多少次就用多少次。无论走到哪里，你都可以随身携带。

## 第七周
## 恐惧

因悲伤而生的恐惧不止一种,其中一种与现实环境相关。有时我们会笃信逝者是因为某事或某物而死。如果我病了,谁来照顾我?焦虑毫无来由,让人心生恐惧,却空空落落,不知所惧何物。没有所爱之人的生活是极其可怕的。我知道自己的处境很安全,但这并不足以让我安心。我丈夫曾是我的缓冲器、我的安全港湾。还有一种恐惧,就是担心其他我们爱的人也会死去。我们脚下的地面不再那么稳固。有时候这种恐惧很容易控制,但也有时候所爱之人的死亡会导致创伤后应激障碍[①](PTSD)或恐慌症发作。这种案例很多,如果你遇到了,要知道你不是唯一的一个。

---

[①] 创伤后应激障碍是指个体经历、目睹或遭遇一个或多个涉及自身或他人的实际死亡,或受到死亡的威胁,或严重的受伤,或躯体完整性受到威胁后,所导致的个体延迟出现和持续存在的精神障碍。

## 第一日

没有人曾告诉我悲伤让人如此恐惧。

——克莱夫·斯特普尔斯·刘易斯（C.S. LEWIS）[1]

他们都说，与悲伤相关的情绪是悲痛。大多数文化背景下，人们不会主动准备迎接悲伤。这很像恐惧感，因为在我们看来生活已无确定性和信心可言。你计划中的生活，你觉得理所当然的生活只能是空想了。尽管有时能够预料死亡，但当那天真的来临时，我们精神上、心理上、生理上仍然会受到巨大冲击。

## 第二日

我总是发现，有人陪伴时，我觉得压抑难耐，没有自由；独自生活又倍感孤独、步履蹒跚。一切都不复存在，我惊慌失措，不知何去何从。

——维罗尼卡·罗斯（VERONICA ROTH）[2]

一人离去，整个世界都空空如也。不想独处，也不想和别人在一起，这是正常现象。两者都会令人恐惧不安。我们觉得不是失去了一个人，而是失去了所

---

[1] 本段摘自 A Grief Observed。克莱夫·斯特普尔斯·刘易斯（1925—1954），英国著名文学家，主要作品有《返璞归真》《痛苦的奥秘》《纳尼亚传奇》系列等。
[2] 本段摘自《忠诚者》。维罗尼卡·罗斯（1988— ），美国作家，凭借小说《分歧者》《反叛者》《忠诚者》三部曲成名。

有。恐惧是一种自然反应。

## 第三日

我曾担心,会垮塌于悲伤的往事,没顶于悲伤的洪流;我曾担心,真切地触摸悲伤会从此一蹶不振。但最终我明白,即使走近悲伤,也不会被吞噬。[1]

——伊丽莎白·库伯勒-罗斯

我经常听人把悲伤描述为黑洞。很多人担心悲伤会在余生中折磨我们,会一记重拳将我们击倒,使我们再也爬不起来。时间一天天过去,我们逐渐明白,尽管悲伤难以驱散,但我们可以学着以多种方式驯服它。脆弱无依中我们也能找到真正的力量:感知悲伤,也享受快乐。

## 第四日

因悲故生怖,浓烈如老酒。

——马特·黑格(MATT HAIG)[2]

悲伤不仅仅让人害怕,更让人惊恐。惊恐的是未知之事,惊恐的是我们要生活在没有所爱之人的世界

---

[1] 本段摘自《当绿叶缓缓落下:与生死学大师的最后对话》。
[2] 本段摘自 *The Possession of Mr Cave*。马特·黑格(1975— ),英国作家、记者,擅长推理小说写作,主要作品有《活下去的理由》《圣诞女孩》等。

里。当我们非常渴望宝宝降临，却意外流产时；当与我们共度一生的人撒手人寰时，惊恐便突如其来。惊恐如潮，重重来袭，我们只能咬紧牙关，忍常人难忍之悲，容世间难容之痛。

## 第五日

死亡让人悲痛难忍，又心生恐惧。死神手持镰刀，收割我们所爱之人的生命，狰狞如杀人狂魔，让我们心痛难当又惊慌不已。悲伤之人如同负伤沙场，心脏千疮百孔，肩负万斤忧伤。

——苏西·纽曼（SUSIE NEWMAN）[①]

"我们爱的人去了一个更好的世界"，人们经常说这句话吧？！也许他们确实去了更好的地方，但我们没有。我的心破碎不堪，身之所往，皆携悲伤。有人患上恐慌症；还有人觉得每件事都变得难上加难，甚至难如登天。调节悲伤情绪，就要扛起心理负担，然后慢慢地释放压力，逐步减轻压力。调节悲伤情绪，就要让心脏带着创伤跳动，并且学会如何在悲伤中恢复活力。

---

[①] 本段摘自 *Lost Souls Café*。苏西·纽曼，美国当代作家，主要作品有 *Simple Guide to Empowerment*、*Lost Souls Café* 等。

## 第六日

让我感到害怕的是我的悲伤……还有那突如其来的心痛,我意识到自己有生以来第一次孤身一人,就像《鲁宾孙漂流记》中的克鲁索一样,所乘之船触礁搁浅,被困在孤岛上,海天茫茫,形影相吊,无人知晓。

——约翰·班维尔(JOHN BANVILLE)[①]

悲伤确实有一种触礁沉船的感觉。因为悲伤,我们会发现自己潜在的技能。我们到底要怎么存活下来呢?我们如何才能让生活不仅能够继续,而且能保持高质量?

## 第七日

悲伤是盟友、是伴侣,提醒我们一个掩藏于泪水和恐惧中的重要事实:我们所哀悼的人爱着我们,我们有人爱也值得被爱。

——丽萨·伊俪什(LISA IRISH)[②]

爱是一条穿越恐惧的蜿蜒小路。不去爱的人,不被爱的人,不会有悲伤。爱,可以穿越所有与悲伤有关的情绪。

---

[①] 约翰·班维尔(1945— ),爱尔兰著名作家、编辑,曾获布克奖、卡夫卡文学奖等奖项,近年来一直是诺贝尔文学奖热门人选,主要作品有《海》、《证词》《幽灵》《雅典娜》三部曲等。
[②] 本段摘自 Grieving—The Sacred Art: Hope in the Land of Loss。丽萨·伊俪什,美国作家,专注于悲伤领域的写作,主要作品有 Grieving With a Grateful Heart 等。

# 悲伤耳语者

找个舒适的地方，愿意的话就放点儿舒缓的音乐。闭上双眼，想一个让你有安全感的时间或地点。它可以是真实的，也可以是虚构的。运用你所有的感官去填充哪怕是最微小的情节。你可以自由选择独处或是邀请别人一起。我总是邀请年轻时的丈夫与我一起，那时他身体健康，充满阳光。你想去哪里、去做什么都无关紧要。那是一个恐惧无法进入的地方。如果你在那里开始觉得有些害怕，随便拿起一片羽毛、一根鼠尾草或者一个扬声器作为武器，这些就是所谓的"锚点"，帮你驱散恐惧，一点点熟悉这个地方。要知道，任何时候你都可以回来。

带着舒适的感觉回到此时此地。如果你在那里用了某种东西来驱散恐惧，也在实际生活中找找是否有类似的物品。摇一摇扬声器，摸一摸羽毛，点一根蜡烛，如果你愿意，也可以说点什么。这种办法可能会在第一次奏效，也可能早已起作用了，只是你没注意到。它也可能会在第二次、第三次或第五次起作用，谁也说不好。恐惧可能会教会你一些东西，然后就消失了。直面恐惧，恐惧自然会消失。

# 第八周

# 困惑（迷惑）

丈夫刚去世的时候，我经常把衣服穿反。我会看看标签，调好方向，穿上时发现衣服反了。脱下来再调一次，结果还是反了。即便到了现在，这种情况依然发生。一些人称这种困惑为"悲伤之大脑"。有一点倒是很清楚，大脑一团糨糊，是悲伤时的正常现象。

## 第一日

很长一段时间，我过得很疲惫，每天都困惑不已，过去种种令我迷惘，未来种种难以预料。你可能会说，我应该还在学习如何接受现实吧。

——尼基·罗（NIKKI ROWE）[①]

怎么才能接受现实呢？有时我活在过去，有时活在不存在的未来，有时也活在当下，却常常笼罩于迷思困苦之中。困惑如网，哪怕最简单的事情对我而言也异常困难。悲伤的人常常如此，因为他们如同身处

---

[①] 尼基·罗，澳大利亚作家、艺术家，专注于励志类、哲学类书籍的写作，主要作品有 Once a Girl, Now a Woman 等。

半梦半醒之中。

## 第二日

人类的心灵所能承受的悲伤和痛苦是有限度的。再多,保险丝就烧断了。

——范恩(FYNN)①

我脑袋里的灯已经熄灭了。只要知道保险丝在哪里,我就可以把灯重新打开,困惑随即消逝。然后保险丝再次烧断,我就再修一次。说来也怪,慢慢我们就习以为常。

## 第三日

他们离开的时候,我痛彻心扉,无关乎他们是骤然而逝还是缠绵病榻多年以后……他们的去世,让世界天翻地覆,只留自己苦苦支撑,摇摇欲坠。

——沃尔特·莫斯利(WALTER MOSLEY)②

我以前总想知道,为什么老人终其天年,或者绝症患者离世,人们还会错愕不堪。现在我明白了,没

---

① 本段摘自 *Mister God, This Is Anna*。范恩(1919—1999),英国作家,主要作品有 *Mister God, This Is Anna* 以及 *Anna and Mister God* 等。
② 沃尔特·莫斯利(1952— ),美国作家,曾获埃德加·爱伦·坡奖,入选纽约作家名人堂,主要作品有 *Down the River Unto the Sea*、*When the Thrill Is Gone* 等。

有人会期望那一天、那一刻有人离去。悲伤这种情绪往往比我们想象中的要浓烈得多，更让人脆弱。在哀悼逝者的同时，我们学会了如何在困惑不已、天翻地覆的世界里生存，学会了振作与坚持，甚至还学会了微笑着承受所有的一切，享受生活。

## 第四日

然后我就变成了现在的模样，宛若僵尸，脑海空空、心如黑洞、光芒黯淡、迷失方向。我在四处徘徊游荡，跌跌撞撞、踉踉跄跄，但只能继续前行。这就是死别的生活。

——亚当·西尔韦拉（ADAM SILVERA）[①]

我们是僵尸一样的悲伤者。我们已经失去了一切，我们生活在困惑之中，我们也生活在痛苦之中，但我们继续前行。我们如何才能将这种继续前行的念想转化成有实际意义的或是快乐的东西呢？我们做好准备之时就会知道。

## 第五日

悲伤情绪在一点一滴排解，我很困惑这个过程为

---

[①] 本段摘自 *History Is All You Left Me*。亚当·西尔韦拉（1990— ），美国青年小说作家，主要作品有 *They Both Die at the End*、*Infinity Son* 等。

何如此漫长，或许要永远持续下去。

——马克斯·波特（MAX PARTER）[1]

人带着悲伤情绪生活，每天都会有困惑。快乐时而降临，但悲伤仍会持续。与悲伤搏斗的勇士就是这样，奋力将悲伤的河流引入人生美景。我们也要尽快学会在河上架桥，用沙袋挡住水流，以防淹没河岸。

## 第六日

悲伤令人丧气。有人认为哀伤之人的情绪变化可以预测，就像是遵循一张清单一样。其实，哀伤并非一纸清单，而更像一汪活水，没有常形，流动不息，不涸不滞。它变化无常，同时也在改变我们。

——米拉·塔琴（MIRA PTACIN）[2]

该如何承受所有与悲伤纠缠的情绪呢？没有人能告诉我们这一切到底有多令人费解。在我们寻求帮助时，太多的时候得到的答复是，"忍着点吧，不可能事事如意"，然后我们只能继续前行。这没什么用。我们变了。无论我们多么善于变通，

---

[1] 本段摘自 *Grief Is the Thing With Feathers*。马克斯·波特（1981— ），英国作家、编辑，*Grief Is the Thing With Feathers* 为其第一部小说，也是成名之作，其他主要作品还有 *Lanny* 等。
[2] 本段摘自 *Poor Your Soul*。米拉·塔琴，美国作家、记者，以自传写作为主，主要作品有 *The In-Betweens*、*Poor Your Soul* 等。

如果没有别人的帮助和自己的实践，我们学不到任何东西。

## 第七日

斧头凿进木头的时候，你如果心生痛感，胸怀困惑，你应该因此感到欣慰，因为这意味着你仍然活着，你仍然是人类，你仍然能够对这个世界的美丽敞开心扉。

——保罗·哈丁（PAUL HARDING）[①]

起初，我讨厌我还活着。如果无力分享世界的美丽，我就不愿敞开心扉。随着时间推移，我学会了在悲伤中重塑自我，为的就是让丈夫因我而骄傲。我想向他人伸出援手。我也想再次看到美，因为我仍然在与丈夫分享，只是换了种方式。我心中的困惑依然存在，但不同的是，起初我只有疑问，现在我则找到了一些答案。

---

[①] 本段摘自《修补匠》。保罗·哈丁（1967— ），美国音乐家、作家，凭借《修补匠》获2010年普利策小说奖，其他著作还有 Enon 等。

## 悲伤耳语者

给自己买几本休闲书籍，儿童看的也好，成人读的也罢，只要里面有迷宫游戏就好。我建议你从儿童难度级别开始，让这个练习变得简单而有趣（当然是在心情尚可的情况下）。买书的时候，顺带买几支颜色鲜艳的记号笔、钢笔或铅笔。每天，你想玩多少次都可以。每完成一次迷宫游戏，你的大脑就经受一次训练，能够让你摆脱困惑，清晰而直接地沿一条路走。正如你毫无困惑地完成了一次迷宫游戏，面对实际工作或者社交场合，你也会顺利完成，困惑甚至都不会在你脑海中出现。如果发现自己又陷入了一段困惑之中，现在你应该知道如何走出来了。

## 第九周
## 否认

否认是一种应对机制,时而是益友,时而是强敌。我喜欢假装丈夫还在世。他刚去世的那段时间,我一回家就说:"嗨,亲爱的,你在家吗?哦,我准是没注意到你去哪儿了。待会儿见。"我想了解我的否认状态,掌握它的使用方法。如果真的坐下来等我丈夫回家,那我就在否定中陷得太深了,这会很麻烦。有时,我的否认状态中有一种幽默,我用这份幽默感来为心中的悲伤创造一个休息空间。

### 第一日

这不是否认。我只是选择性地接受现实。

——比尔·沃特森(BILL WATTERSON)[①]

想象一下,如果深陷否认状态,是不是都会自我否认处于否认状态?主动否认是一种试图歪曲现实的行为。我伸出手,如果感觉到所爱之人握住了它,那

---

[①] 比尔·沃特森(1958— ),美国漫画家、作家,主要作品有《卡尔文与霍布斯》系列漫画集、《难兄难弟》等,美国漫画家协会授予其最高漫画奖"鲁本奖"。

不是真实的，这我明白。即便有那种感觉，也只是我的幻觉，而不是客观事实。然而，有时候选择性接受部分现实于人无害，甚至于己有益。

## 第二日

我又一次压抑住了悲伤，为否认敞开了大门。我的外在看起来可能还不错，但内心完完全全一团糟。

——贝茨·基廷（BETTS KEATING）①

有时，为了生存，不得不置身于否认状态。内心破碎不堪时，给自己戴上面具，假装一切安好，对于社交而言，是可以接受的，但长此以往，会侵蚀内心。你若问我近况如何，我想我会告诉你。但我知道，对于许多悲伤者而言，沉默是更容易的方式，所以大多选择保持沉默。

## 第三日

如果你问我，我会说否认是悲伤最好的一个阶段。你去问邪恶皇后的魔镜，它也一定会说否认就是其中最美丽的阶段。

---

① 贝茨·基廷，美国作家，专注于回忆录写作，主要作品有 My Movie Memoir Screenplay Novel。

——劳雷尔·乌伦·柯蒂斯（LAUREL ULEN CURTIS）[1]

  记得丈夫刚去世时，我做过一场梦。我在床上翻了个身，看到了他。我说："哦，天啊！我以为你已经死了。我以为癌症要了你的命。"他说："过来，你这个小傻妞儿。我当然没死。你在做噩梦吧。"然后我翻了个身，蜷缩进他的怀里。这是我经历过最舒服的一次否认过程，绝对是最美好的一次。但我马上醒了，否认过程中经常会这样。醒来之后，又该怎么办呢？

## 第四日

慢慢地，我学会了接受，

将这份悲伤，

融入我的身体。

但为什么这么久了，

我的身体啊，

还是不能完全认识到，

你再也回不来了？

——唐娜·马西妮（DONNA MASINI）[2]

---

[1] 本段摘自 *Impossible*。劳雷尔·乌伦·柯蒂斯，美国当代作家，主要作品有 *A Is for Alpha Male*、*Hate: A Love Story* 等。
[2] 本句为"Slowly"一诗。唐娜·马西妮（1954— ），美国诗人、作家，曾获小推车奖等奖项，主要作品有 *About Yvonne*、*4:30 Movie: Poems* 等。

我们之中,有多少人不能接受深爱的人永远不会回来?即使多年以后,我们仍然以为在人群中看到了他们的身影,或者听到了他们的声音。我们的大脑和心灵之间有一条巨大的鸿沟。

## 第五日

否认和所谓希望之间的区别,我一直很难区分。

——迈克尔·夏邦(MICHAEL CHABON)[1]

否认是虚假的希望。只有感受到所有情感的深度,并有勇气走出困境,才会有真正的希望。有时候,这个难度不亚于在流沙坑里抓到救命的树枝,或者在最漆黑的夜空中找到百万颗星星。

## 第六日

否认像玻璃一样易碎。否认状态看似坚固,但一股你从未见识过的力量可以瞬间击垮它那层薄薄的围墙,那层你为了逃避现实而修筑的围墙。

——坎迪斯·克诺贝尔(CANDACE KNOEBEL)[2]

---

[1] 本段摘自 *Wonder Boys*。迈克尔·夏邦(1963— ),美国小说家、编剧、专栏作家,集普利策小说奖得主,星云、雨果、轨迹、侧面四项科幻大奖得主,好莱坞编剧于一身,被誉为"塞林格接班人",主要作品有《卡瓦利与克雷的神奇冒险》《犹太警察工会》《月光狂想曲》等。
[2] 本段摘自 *Everlasting*。坎迪斯·克诺贝尔,美国科幻小说、当代文学作家,主要作品有 *Embracing the Flames*、*Born in Flames* 等。

我们需要做好准备：否认状态被粉碎时，会造成余震。这就是为什么有时在欢乐的时刻，我们还可能会泪流满面。当悲伤的巨大力量在我最意想不到的时候袭来，我该如何处理呢？随着时间的流逝，这往往会发生在我独处的时候，而非我最难受的时候。

## 第七日

日月星辰、四季更替、晓风音籁、静谧宁夜，于我们而言，曾是良辰美景、赏心悦事，而今我却觉得是白璧微瑕、美中不足，难以从中获得治愈之力，也难以会心会意、乐在其中。追悔过往无异自缚双手，不营否定灵魂。

——奥斯卡·王尔德（OSCAR WILDE）[①]

但愿有一天，你对于所有现实的否认都如你所愿，让自己像花蕾一样再次绽放。但愿有一天，你沐浴在他人的爱中并拥有爱人之心，无论你的世界凄风冷雨或是风和日丽，都不会被悲伤刻上瑕疵。让你的悲伤布满孔隙，从中流入快乐、疗愈和奇迹。

---

[①] 本段摘自《狱中记》。奥斯卡·王尔德（1854—1900），爱尔兰著名作家、诗人、剧作家，英国唯美主义艺术运动的倡导者，主要作品有《道林·格雷的画像》《不可儿戏》等。

## 悲伤耳语者

在想象中勾勒一个碗。它可以是任何形状、任何大小、任何材质。勾勒好后，用双手捧起，置于心脏下方。让所有那些因为害怕、痛苦而一直否认的情绪流进碗里。不需要说出是何种情绪，甚至都不需要去感受，只需让它们从你体内流到碗里。任何温度、任何稠度都可以。当碗盛满情绪甚至溢出来的时候，就把碗翻过来，让里面的东西溢出到泥土里，泥土能够充分吸收，而且不会造成任何伤害。想重复多少次这个过程就重复多少次。将碗随身带上，这样你就可以随时随地做这项练习。当这种净化心灵的方式给你带来解脱时，你就会察觉到。

## 第十周
## 音乐

18世纪，患有严重抑郁症的西班牙国王腓力五世（Philip V of Spain）命令歌剧家法里内利（Farinelli）离开舞台，做他的私人歌手，后来腓力五世逐渐恢复了心理健康。音乐疗法已经使用了几个世纪，在治疗抑郁症、焦虑症和高血压等精神问题和身体疾病上取得了独一无二的疗效。虽然我们不能像腓力五世那样请得起私人歌手，但我们可以通过多种途径走进音乐。通过不断尝试，我们可以发现哪些音乐是悲伤的特效药。把音乐融入日常生活中，对我们大有裨益。

### 第一日

外面黑暗中的某个地方，一只凤凰正在鸣唱凄美挽歌。哈利·波特以前从未听过这种曲调，他不禁为之动容。他觉得，自己的悲伤神奇般融入了歌声里。

——J.K. 罗琳（J.K. ROWLING）[①]

传说中，凤凰于涅槃中重生。我们要做的也是要在悲伤余烬中重生。我的悲伤是否也能够融入乐曲中？我的悲伤之曲会一直是哀婉的吗？我是否也能从中体会到爱意和欢愉？

## 第二日

音乐是一道彩虹，俘获我们的悲痛。

——塔雷西亚·克雷斯（TARESSA KLAYS）[②]

我的悲伤常常是一片漆黑，黯淡无光。你有没有想过，如果悲伤变成了一件五颜六色的披风呢？如果眼泪折射光线形成了彩虹呢？你的悲伤是什么颜色的？你的悲伤能变成什么颜色呢？

## 第三日

于是我弹奏起藏在内心深处的那首歌，这首歌没有歌词，却可以穿越心灵的每个秘密角落。我小心翼

---

① 本段摘自《哈利·波特与混血王子》。J.K. 罗琳（1965— ），英国著名作家，代表作《哈利·波特》系列7本小说被翻译成67种文字在全球发行4亿册，居2017年度美国《福布斯》全球百位名人榜第三位，同年12月，被英国皇室授予"荣誉勋爵"。
② 塔雷西亚·克雷斯，当代文学作家，主要作品有 Enemy Hearts、Reflection's of Death 等。

翼地弹奏着，节奏缓慢，曲调低沉，穿透漆黑宁静的深夜。我很想说这是一首令人愉快的歌，甜美昂扬，但事实却非如此。

——帕特里克·罗斯福斯（PATRICK ROTHFUSS）[①]

藏在你内心深处的是什么歌呢？令人愉快的吗？也许悲伤的歌只是遇耳成声，而快乐的歌须用心聆听才能听到。你能听到这些歌曲吗？准备好了吗？

## 第四日

令人心碎的曲调萦绕耳边，久久不散，唱给所有经历生离死别的人。当黑色灰烬在灿烂天空中升起，法尔的小提琴奏响，为逝者和送行的生者献上一曲哀歌。

——克里斯汀·卡肖尔（KRISTIN CASHORE）[②]

所爱之人去世时，有没有音乐可以和生者的痛苦产生共鸣呢？这种音乐极富表现力，能够让所有悲伤者都感觉到他们的悲伤不仅被理解、表达，而且还升华成为超越语言的存在。

---

[①] 本段摘自《智者之惧》。帕特里克·罗斯福斯（1973— ），美国奇幻作家，凭借"弑君者传奇"系列图书《风之名》《智者之惧》成名，曾获"鹅毛笔奖"。
[②] 本段摘自 Fire。克里斯汀·卡肖尔（1976— ），美国青年文学作家，主要作品有 Fire、Graceling 等。

第五日

音乐可言人所不能言。音乐抚慰心绪，让其得以休憩。音乐治愈心灵，让其得以完整。音乐源自天堂，拯救凡人魂灵。

——K.C. 林恩（K.C. LYNN）[①]

假如音乐来自天堂，会不会是我们所爱之人创作的呢？我们翩翩起舞之时，他们是否依旧高歌相和？如果心绪难平，无可排遣，那就闭上双眼吧，让音乐的温柔流入每一个细胞。我们迟早会发现体内很可能已经开始细胞层面的深度治疗。

第六日

大海一直对我歌唱，歌声里满是我们曾一起走过的日子。

——尼古拉斯·斯帕克思（NICHOLAS SPARKS）[②]

这首吟唱我们过往生活的歌曲，是治愈心灵的源泉。我们已经被给予了许多人都渴望的东西，那便是爱。当然，音乐的歌者可能不是天堂、海洋，甚至也

---

[①] 本段摘自 Resisting Temptation。K.C. 林恩，加拿大浪漫文学作家，主要作品有 Fighting Temptation、Sweet Temptation 等。
[②] 本段摘自《瓶中信》。尼古拉斯·斯帕克思（1965— ），美国小说家、编剧、慈善家，作品被译为 50 余种语言，全球销量超 1 亿册。他被誉为美国"纯爱小说教父""纯爱小说天王""催泪弹"，主要作品有《瓶中信》《恋恋笔记本》《罗丹岛之恋》等。

不是大自然。那么,你的歌者在哪里呢?有没有什么让你感到片刻宁静?

## 第七日

音乐是我的避难所。我可以钻进音符之间的空隙,蜷缩起来感受孤独。

——玛雅·安吉罗(MAYA ANGELOU)[①]

音乐为我们提供了一个空间,我们可以钻进去获取安慰。你能找到音符中的空间吗?能否于刹那之间或渐而在片刻之中穿梭入内,如婴儿般蜷曲着背对孤独吗?想象你爱的人也依偎在你身旁。

---

[①] 玛雅·安吉罗(1928—2014),美国黑人作家、诗人、剧作家、编辑、演员、导演,2011年获美国总统自由勋章,主要作品有《我知道笼中的鸟儿为何歌唱》《以我之名相聚》《非凡女人》等。

悲伤耳语者

　　至少拿出一周的时间每天都聆听音乐，探究音乐与你的关系。路易斯·阿姆斯特朗（Louis Armstrong）①演奏的《孤独》（Solitude）既让我心碎，也让我敞开心扉。你聆听的音乐最好能够揭露对所爱之人更深层次的感情，或者能够让你逃避到一个没有悲伤的世界。任何类型的音乐都可以，听的时候注意自己的反应。你可以坐着听，也可以躺着听，甚至可以边听边跳舞。如果你愿意，可以想象一下心爱的人正与你共舞。你可以唱歌，或者为心爱的人写一首歌。这是一种解脱性的练习，帮助你加深与音乐的联系。

---

① 路易斯·阿姆斯特朗（1901—1971），美国著名音乐家，被誉为爵士音乐的灵魂人物，主要作品有 What a Wonderful World。

## 第十一周
## 不健康的悲伤处理方式

我问朋友,为什么在我们饱受压力之时,做的事情不能让自己更加强大,反而更加脆弱。我个人以为,好好照顾自己,让自己愈来愈强,才是更合理的。我知道多加锻炼可以促进内啡肽的分泌,进而放松心情。我也懂得健康饮食、不滥用药物能让自己更有活力。我懂这些道理,但这并不是关键,关键是我如何去做。不幸的是,身处悲伤的人为了延缓悲伤的痛苦,往往选择不健康的,甚至是极具危险性的方式。

### 第一日

我其实一点都不喜欢兴奋剂,但有时就是极度沉迷其中。我并不是为了追求快乐而不顾生命、名誉和理智。那些记忆,让我备受折磨;那些孤独,让我受尽煎熬;那些存在于未来的厄运,虽说并不确定,也让我倍感恐惧。所有的一切,令我绝望,而我只是在绝望中孤注一掷,试图逃离这一切。

——埃德加·爱伦·坡（EDGAR ALLAN POE）[1]

有时为了逃避悲伤的痛苦，我们会服用各种药物。我们还没准备好让快乐像往常一样填充回忆。我们也还没找到任何可以减轻孤独感的东西。尽管悲伤会导致抑郁、焦虑，但本质上它并不属于抑郁、焦虑或者其他心理健康问题。遵嘱服药与自医有很大差别。精神混乱之中，做出明智决定非常困难。同样，深入了解自己的内心，决定是否需要寻求帮助，也绝非易事。

## 第二日

她食欲不振。夜里，有一只无形的手每隔几小时就拍醒她一次。悲伤影响生理活动，血液循环都难以畅通。

——杰弗里·尤金尼德斯（JEFFREY EUGENIDES）[2]

丈夫去世后，我悲痛不已，茶饭不思，肠胃隐隐作痛，食物似乎也没了营养。某一瞬间我们可能会暂时忘掉所爱之人离世这一残酷事实，但回过神，我们

---

[1] 埃德加·爱伦·坡（1809—1849），美国诗人、作家、文学评论家，美国浪漫主义思潮时期的重要成员，主要作品有小说《黑猫》《厄舍府的倒塌》，诗《乌鸦》《安娜贝尔·丽》等。
[2] 本段摘自 The Marriage Plot。杰弗里·尤金尼德斯（1960— ），美国作家，2003年获普利策小说奖，主要作品有 The Virgin Suicides、Middlesex、The Marriage Plot 等。

便情绪低落，茶饭不思。支撑我们活下去、照顾好自己的是生命的本能，还有我们深爱的人，无论是在世的还是已逝的。

## 第三日

在路易斯安那州，处于悲伤早期阶段的人，能一次性吃掉与自己体重相当的派派思炸鸡。在后期阶段，则会暴食血肠。有时候两个阶段的人会互换食谱，早期阶段吃血肠，后期阶段吃炸鸡。他们也有时候同时吃炸鸡和血肠。

——肯·惠顿（KEN WHEATON）[1]

我很快又意识到，于我而言，食物的作用不是补充营养，而是给予宽慰，而宽慰正是我最迫切需要的。如果糖是海洛因、可卡因一样的违禁食品，那我现在已经被关进牢房了。我不太清楚为什么饱腹一顿是消除悲伤的可行之策。暴饮暴食不是为了享受食物，而是为了得到直接的满足，让人从痛苦中分心，制造麻木。成瘾看起来像是自我照顾，但事实恰恰相反，它既能缓解疼痛，也能损人性命。

---

[1] 本段摘自 *Sweet as Cane, Salty as Tears*。肯·惠顿，美国作家，文风幽默诙谐，主要作品有 *The First Annual Grand Prairie Rabbit Festival*、*Bacon and Egg Man*。

## 第四日

我眯着眼睛,重复着祖祖辈辈曾做过千百次的动作,饮一杯酒,用手背擦擦嘴,然后再饮一杯,再擦擦嘴,以烈酒浇胸中块垒。

——妮可·克劳斯(NICOLE KRAUSS)[①]

我丈夫曾是个酒鬼,他说能戒掉酒瘾是一个奇迹。酒精能够温热身体,振奋心灵,激发幻觉,使我们相信依然在过正常人的生活。为了减轻痛苦,小酌一两杯很正常,但有时我们容易管不住自己。要知道酒精无法让我们爱的人复活,即便悲伤,也要留几分清醒。我丈夫去世时清醒冷静,身旁围着那些爱他的人,我想,我丈夫应该很自豪吧。

## 第五日

我们都在寻找能够填补内心空缺的办法,我喜欢称这种空缺为灵魂之洞。有人酗酒无度,有人沉湎性爱,有人寄情儿女,有人暴饮暴食,有人痴迷赚钱,有人醉心音乐,甚至有人吸食毒品……但实际上本质都一样。人们总是认为他们能够逃离痛苦。

---

[①] 本段摘自《爱的历史》。妮可·克劳斯(1974— ),美国当代作家,作品曾经先后收入2003年和2008年美国最佳短篇小说集,主要作品有《爱的历史》《大宅》《乌有》等。

——蒂凡尼·德巴托洛（TIFFAINE DEBARTOLO）[①]

可成瘾之事难以枚举且有轻有重。嗜好读书可谓百益而无一害。其他成瘾则可能百害而无一利，戕害身体、浪费金钱、刺激情绪、折磨心理。所爱之人离世，我们的灵魂有了空洞，空洞的形状是所爱之人的模样。它深不见底，我们只能不断填补，而唯一行之有效的填补剂是爱。

## 第六日

有人用医学手段疗愈悲伤之人，将他们当作病人来处理，我实在看不出其中的道理。但这种情况一直都存在。我们需要自己走出悲伤，而不是寄希望于用药物消除，更不能欲盖弥彰，自欺欺人。

——理查德·瓦格纳（RICHARD WAGNER）[②]

无论是食物，还是药物，甚至是医生开的处方都无法治愈悲伤。有时候药物确实可解身体之恙，但悲伤并非疾病，而是对于死亡的一种正常反应。调节悲伤情绪，需要我们正视经历的痛苦，同时积

---

[①] 本段摘自 God-Shaped Hole。蒂凡尼·德巴托洛（1970— ），美国作家、制片人，主要作品有 God-Shaped Hole、How to Kill a Rock Star 等。
[②] 本段摘自 The Amateur's Guide to Death and Dying: Enhancing the End of Life。理查德·瓦格纳（1813—1883），浪漫主义时期德国作曲家、指挥家、剧作家、哲学家，主要作品有《尼伯龙根的指环》《特里斯坦与伊索尔德》《纽伦堡的名歌手》《罗恩格林》等。

极探索让生命重具活力的生活方式。假装一切安好不是可取之策。

## 第七日

  我坚信爱就是答案,无论那无形的伤口有多深,爱都可以愈合。爱是解药,爱是抚慰,爱是强心剂,归根结底,爱是主宰。

——索马里·玛姆(SOMALY MAM)[①]

  每天早上醒来后,我就开始与"死亡"打交道。有时,我会浏览网友在"说出你的悲伤"网页上的留言,不禁潸然泪下。我将爱铭记在心,时常怀念,勇气也因爱而生。无爱者无悲伤。他人给予我们的爱,我们要尽力去感知,让自己沐浴在爱的光芒下,重获新生。

---

[①] 本段摘自 *The Road of Lost Innocence*。索马里·玛姆,反性交易运动倡议者,索马里·玛姆基金会创始人,2009年被《时代周刊》评选为全球最具影响力的100位人物之一。*The Road of Lost Innocence* 为其唯一著作。

悲伤耳语者

坐下，找一沓纸放在身边。

首先，想一想你有过哪些对身心健康有害的坏习惯。比如，我就曾沉溺于高油高脂的食物，缺乏运动，喜欢赖床。现在，请写下这样的习惯，尽可能多写几个。如果一两句说不清楚，你可以多写几张纸。最后附上一张空白页。

随后，想一想你可以培养哪些有益身心健康的好习惯。比如健康饮食、多喝水、勤锻炼、常冥想。现在，请在纸上写下一个这样的习惯，尽可能多写几个。如果你有一直渴望改掉的坏习惯但未实行，也尽管写下来。最后附上一张空白页。

现在，将写有两类习惯的纸张铺在地上，一类一排，互不交叉。每排末尾放上空白页。

先顺着坏习惯的纸张走走。经过每张纸时，多留意自己的心理活动。做这些对身心健康有害的事情时，我们往往感觉轻松舒适，甚至还能学到点东西。有时，这些习惯也会让我们很糟心。走到最后的空白页时停留一会儿，思忖一下这条路会引你到何处，你作何感想？

再顺着好习惯的纸张走走。同样，经过每张纸时，多留意自己的心理活动。走到最后的空白页时同样停留一会儿，思忖一下这条路又会引你到何处，你有何感慨？

这项练习的目的是在大脑中积极创造新思维模式。

保存好这些纸张，需要时可以随时重复练习。每当你改掉一个坏习惯或是养成一个好习惯时，也将每条纸路上的纸张做出相应调整。如果坏习惯的路上无"纸"可走，就说明你已经摆脱了这些坏习惯。好习惯的"纸路"要尽量保持，如果养成了新的好习惯，记得加上相应的纸张。

**第十二周**

# 麻木

脚麻的时候，你可能因为害怕剧烈的刺痛或疼痛而不敢挪步，直到双脚恢复正常。同样，很多人遭受重大打击时，往往变得麻木，似乎不知痛痒，这很正常，是一种因惧怕再次感受痛苦而做出的反应。若干年以后，我们仍会将麻木当作斗篷披在身上，借以抵挡痛苦。然而这也意味着，快乐也随痛苦一起被我们拒之身外。

## 第一日

如今伤心之事笼罩，我们喘不过气来，甚至都哭不出来。

——查尔斯·布可夫斯基（CHARLES BUKOWSKI）[①]

有时人们因太容易哭而烦躁，有时也因哭不出来而苦恼。但只要真正想哭，眼泪定会夺眶而出。我曾担心一旦流泪，会永远止不住泪水。但其实泪水还是有止住的那一刻，虽然不一会儿我又忍不住落下。时

---

[①] 本段摘自 *You Get So Alone at Times That It Just Makes Sense* 诗集。查尔斯·布可夫斯基（1920—1994），德裔美国诗人、作家，主要作品有诗集 *On Writing*、*On Cats*，小说 *Post Office*、*Factotum* 等。

间一天天过去，我发现自己不再那么容易掉眼泪，只有在心中有情绪需要排解时，眼泪才会适时落下。

## 第二日

不堪重负时，身体就会停工休息；同时体内各部位仍在悄悄运转，等待更好的复工时机。在这期间，你身处麻木，半梦半醒。

——珍妮特·温特森（JEANETTE WINTERSON）①

承受巨大压力时，身体停工是正常现象。悲伤的最根本定义就是承受不可承受之痛。但身体复工、我们不再麻木的时机会自然而然地到来吗？需不需要人为地创造时机？

## 第三日

我就像龙卷风的风眼，感觉平静又空虚，在周围的狂风中迟钝地向前行进。

——西尔维娅·普拉斯（SYLVIA PLATH）②

有时麻木伪装成平静。在各类情绪的漩涡中，我

---

① 本段摘自《激情》。珍妮特·温特森（1959—　），英国著名女作家，1985年凭借处女作《橘子不是唯一的水果》成名，获英国惠特布莱德小说首作大奖，2016年入选"BBC100位杰出女性"名单，其他著作还有《给樱桃以性别》《世界和其他地方》《时间之间》等。
② 本段摘自《钟形罩》。西尔维娅·普拉斯（1932—1963），美国著名女诗人、作家，美国自白派诗人代表，主要作品有诗集《巨人及其他诗歌》、长篇小说《钟形罩》。

们似乎表现得很镇静。但内心空虚的感觉，却暴露了我们并非处在平静之中，而是陷入麻木，各种情绪于我们而言都不痛不痒。风暴的风眼没有风，同样，在情绪漩涡中的我们并未被各类情绪填满身心，我们只是假装在平静中经历了所有。

## 第四日

有一种悲伤让你麻木，将你的世界一分为二。还有一种悲伤让你仿佛体验不到，就像细小的木刺，直到在你体内溃烂并且深深刺入内心时，你才察觉到它的存在。我想这是最令人难过的悲伤了，因为你都不知道这悲伤从何而来。

——贝斯·霍夫曼（BETH HOFFMAN）①

麻木是一种与世隔绝的方式。悲伤不会随麻木而消失，只是我们察觉不到而已。一旦察觉不到，它就会开始侵扰我们的身心和灵魂。这不是一根能轻易从体内拔出的木刺，相反，它是一种能够缓解的伤痛。

## 第五日

我的心灵仿佛变成了打了麻药的巨大伤口。我只

---

① 本段摘自 Saving Ceecee Honeycutt。贝斯·霍夫曼，美国女作家，主要作品有 Saving Ceecee Honeycutt、Looking for Me 等。

有一个念头，总有一天，我会流泪，总有一天，我会大声哭出来。

——詹姆斯·鲍德温（JAMES BALDWIN）[1]

麻醉剂可以让身体暂时摆脱痛感，但麻醉劲儿一过，疼痛丝毫不会减弱。即便大脑能进入麻木状态，我们也多多少少明白，该经受的悲痛总会到来。如果我们试图停留在麻木之中，就必须克服感觉的本能意识。即便现在不哭，眼泪也会积聚起来，在某个时刻夺眶而出。其实，有时候看到手里的纸巾，我们也会情不自禁地哭出来。

## 第六日

没有什么能比这份悲伤更让人陌生，如同置身广袤天地，处处是悲痛、空虚和内疚，没有路标指引，更没有准则指导。如果她没有像现在这样麻木的话，她可能会被这怪异的悲伤逗乐。哈利去世后，她要做的第一件事就是悼念他。

——尼古拉·阿普森（NICOLA UPSON）[2]

---

[1] 本段摘自《乔凡尼的房间》。詹姆斯·鲍德温（1924—1987），美国黑人作家、戏剧家和社会评论家，其小说《向苍天呼吁》与赖特的《土生子》、埃利森的《看不见的人》被并列为20世纪四五十年代美国黑人文学的典范，其他著作有《下一次将是烈火》《去见那个男人》等。
[2] 本段摘自 Angel With Two Faces。尼古拉·阿普森（1970—    ），英国女作家，主要作品有 An Expert in Murder、Two for Sorrow 等。

悲伤是陌生的。悲伤情绪的发展曲曲折折,令人惊讶。我们陷入麻木之时也有情绪流露。有趣的是,我们唯一想敞开心扉、与之讲述悲伤的人,就是我们深爱的逝者。

## 第七日

我接受了所有劝慰,勉强露出礼节性微笑,看上去很不自然。很多人都认为这种麻木是好事,至少我没有号啕大哭,也没有拳打玻璃,没有做任何与我有相似经历的人可能会做的事情。

——唐娜·塔特(DONNA TARTT)[1]

有时人们觉得,能够进入麻木状态值得称道。他们的目光扫过我们呆滞的眼睛,便认为我们正在以一种健康的方式经受悲伤。但他们不明白,悲伤其实需要直面应对,需要表达出来。有时,大声咆哮、拳砸墙头是很有必要的。一味保持麻木,隐匿悲伤,往往弊大于利。那么,如何减轻麻木呢?是不是就像撕开绷带一般轻松?还是需要一步一步分阶段来?当你准备好摆脱麻木时,你会知道的。

---

[1] 本段摘自《金翅雀》。唐娜·塔特(1963— ),美国当代著名女作家,2014年凭借《金翅雀》获得普利策小说奖,同年被《时代周刊》评选为最具影响力的100位人物之一,其他著作还有《校园秘史》《小朋友》等。

# 悲伤耳语者

找一个舒适的地方坐下或躺下。如果你愿意,穿一件所爱之人的衣服,或者拿一件他/她的个人物品。将他/她的照片、写的文字和/或使用过的物品放在一旁。然后设置一个倒计时15分钟的闹钟。现在,想象一下你披上了一副盔甲,或者穿上了一套软质防护服,有了这些装备,你就会免受身心损伤。感受到随之而来的安全感和舒适感后,就放空大脑。如果你依然思绪错杂,心烦意乱,那就重复做一些让你有安全感的事情。简而言之,所做的一切就是为了寻求"安全"。你可以重复练习,这样就无暇分心。在闹钟响之前,你可以随时停下来。

现在,坐起来,看看你身边的照片和其他物品。你可以继续穿想象中的盔甲和防护服,也可以试着脱下来。当你注视着、触摸着这些照片和物品时,可能会有伤心、愤怒、喜悦或其他情绪向你袭来,若是如此,要么就让这些情绪流经你的心底,要么就让它们尽快消散。你也可以站起来,重新回到让你有安全感、能够静下心来冥想的地方。至于想象中的防护装备,你们可以一直穿着,也可以随时脱掉,毕竟还有麻木保护着我们。我们随时能知晓麻木状态的保护作用有没有失效。

## 第十三周
## 精疲力尽

悲伤令人力倦神疲。所爱之人离世给我们造成的创伤随时随地都会侵扰我们,不分昼夜,不分地点。比如,每天早上刚刚醒来恢复认知时;比如,白天琐事缠身想与人分享却无从分享时;比如,晚上我们要上床睡觉却发现爱人再也不在身边陪伴时。我们总会找到办法来处理这种重复性创伤。每天我们定会花费一定的精力来面对和接受所爱之人离世的事实。我们如何才能拥有充沛的精力,来确保不被现实击垮,同时带着热情和欢乐继续生活呢?

### 第一日

人们总说,那些无法置你于死地的,终将让你更强大。但悲伤是例外,会让你四分五裂、支离破碎,而你只能眼睁睁看着,无力挽回。有时觉得,倒不如一开始也让我一同死去。

——菲欧娜·巴顿(FIONA BARTON)[1]

---

[1] 本段摘自 The Child。菲欧娜·巴顿,英国悬疑小说、惊悚小说作家,主要作品有 The Widow、The Child、The Suspect 等。

抵挡悲伤的破坏力，修复支离破碎的身心常常让人精疲力竭。即使数年已过，我的身心依然不时崩溃碎裂，我需要大把时间整理情绪，重新开始。这种经历很难让我们变得强大；相反，它只会凸显我们的脆弱。

## 第二日

我强迫自己转移注意力，想东想西，就是不想这个伤心事，但往往事与愿违。我心力交瘁，我还从没像现在一样嗜睡。

——霍莉·戈德伯格·斯隆（HOLY GOLDBERG SLOAN）[1]

悲伤是一个小偷，窃取了我们的精力和时间。即便我竭力忘记悲伤，悲伤还是不请自来、破门而入。可能我睡得太多了，给了悲伤可乘之机，它竟然溜进了我的梦中。

## 第三日

（她）等待着夜幕降临，期待着夜晚带来安慰。但事与愿违。她太疲惫了，根本无法入眠，也太过伤心，哭的力气都没有了。

---

[1] 本段摘自 *Counting by 7s*。霍莉·戈德伯格·斯隆（1958— ），美国导演、剧作家、制片人、作家，主要作品有小说 *I'll Be There*、*Counting By 7s* 等。

——戴安娜·赛特菲尔德（DIANE SETTERFIELD）[1]

有时我们会因悲伤而失眠，睡眠不足又会导致身体更加疲惫。这似乎不合逻辑，但悲伤本身就是无逻辑可言的。我们需要好好睡一觉，但是因为太累了，没办法获得睡眠的舒适感。我们需要大哭一场，但有人恸哭不止，也有人欲哭无泪。

## 第四日

我身心俱疲，悲苦交加，真的想哭。眼泪将我深藏在心的悲伤毫无保留地释放出来。至于谁看到了我的哭相，谁听到了我的哭声，我都不在乎，我只管哭了又哭。

——安妮·赖斯（ANNE RICE）[2]

失去了丈夫的陪伴，生活常让我疲惫不堪，有时眼泪会忍不住从心底迸发出来。这是一种宣泄方式。一开始，只要有这种疲惫感，不管在哪儿，我都会哭出来。现在，我通常一个人在家里哭，但有时候泪水还是会在不经意间夺眶而出。

---

[1] 本段摘自《贝尔曼与黑衣人》。戴安娜·赛特菲尔德（1964— ），英国作家，凭借小说处女作《第十三个故事》登顶《纽约时报》畅销书榜首，获2007年鹅毛笔奖，其他著作还有 Once Upon a River。
[2] 本段摘自《恶魔迈诺克》。安妮·赖斯（1941— ），美国恐怖小说代表作家，小说《夜访吸血鬼》《吸血鬼女王》被改编为电影，其他著作有《血之颂歌》《布莱克伍德庄园》等。

## 第五日

　　她看起来很平静,但这份平静,是悲伤耗尽心力后的表现,并非对现实的释怀。在压抑的绝望中,她回顾着过往,也等待着未来。

　　——安·拉德克利夫(ANN RADCLIFFE)[①]

　　很奇怪,有人认为悲伤缠身、精疲力竭、万念俱灰,之后将会归于平静。疲惫的身躯无力挪动,疲惫的我也无力说话。在别人眼里,默然无声、寂然不动却是一种平静安然,甚至我们自己也会这样认为。既然力已竭、心已衰,又何必再想、何必再说,又何以能想、何以能说?

## 第六日

　　我尽最大的努力让自己看起来像个正常人,大多数时间里像往常一样出门逛街,接听电话,刷牙洗漱。但我知道并非如此,悲伤仍未离去。凡事已无所谓重要不重要。日常琐事也让我心力交瘁。有一次我甚至连续十天没洗头。

---

[①] 安·拉德克利夫(1764—1823),英国女作家,以写浪漫主义的哥特小说见长,被称为"第一位写虚构浪漫主义小说的女诗人",主要作品有《林中艳史》《奥多芙的神秘》《意大利人》等。

——梅根·奥鲁克（MEGHAN O'ROURKE）①

　　丈夫刚去世时，我实在没力气做家务，于是我给自己设定了一个小目标：每天做一件家务。这样一来，我只需完成一件小事，就能在每天入睡前获得成就感。小目标不外乎支付一笔账单，或者刷洗一个盘子，目标的确很小。我想，随着精力慢慢恢复，我可以越做越多。

## 第七日

　　困在此处，我难以忍受，我真的想回到精彩纷呈的世界，想念那里的生活，可我太疲惫了，无能为力。面对大千世界，我不想只做一个泪眼模糊的旁观者，我想置身其中，真正融入。

——艾米莉·勃朗特（EMILY BRONTE）②

　　即使在最疲惫之时，生命的脉搏依然顽强地跳动。我们固然戚戚于生，但一息尚存，又绝不汲汲于死。怎样才能逃离悲伤的牢狱呢？怎样才能恢复能量，回到大千世界，并且重新融入呢？其实，我们可能已经

---

① 本段摘自 The Long Goodbye。梅根·奥鲁克（1976— ），美国女作家、诗人、评论员，主要作品有诗集 Sun in Days、Once: Poems，回忆录 The Long Goodbye 等。
② 本段摘自《呼啸山庄》。艾米莉·勃朗特（1818—1848），英国女作家、诗人，世界名著《呼啸山庄》是其一生中唯一的一部小说，奠定了她在英国文学史以及世界文学史上的地位。

开始追赶这个目标了,只是精力尚未恢复,我们还没注意到不知不觉中做出的改变。

## 悲伤耳语者

　　悲伤令人力倦神疲，而你越觉得疲惫，就越没有能量。你应该多活动，比如站起来做做简单练习，比如拉伸，甚至活动活动手指都行。你有余力的话当然可以做些有难度的练习，比如跑跑马拉松，或者学习跳舞。你可以在家里活动，也可以报班或者去健身房。你可以在小区里随便走走，或是去野外散心；可以去游泳，也可以去购物，都没问题。最关键的是迈出第一步。你若准备好了，就先给自己定个目标，短则20分钟，长则两个小时，都可以。每天做好记录，以便了解自己的进步。

　　如果需要大幅度调整锻炼计划，请提前咨询医生。

## 第十四周
## 愤怒

愤怒有别于绝望和抑郁，它有一个好处，那就是通常能够给人以力量。我和丈夫曾多次彼此承诺"永不分离"。虽然知道死亡绝非丈夫所愿，但我仍心生恨意，因为他把我一个人丢下了。我只想让丈夫留在人世间陪我。如果所爱之人死于自杀、谋杀或者飞来横祸，愤怒感可能会加剧。我的丈夫刚去世时，我的情绪崩溃到有时候会对那些仍然享有丈夫陪伴的人抱有敌意。我讨厌幸福的情侣，嫉妒那些年龄比我丈夫大，却仍然在世的人。有时这种愤怒感会逐渐扩张，导致我看全世界都不顺眼。丈夫的爱是我生活的缓冲器，没有了他，我的脾气越来越暴躁。你可以叫我"马尔孔腾塔（Malcontenta，意大利语，意指牢骚满腹的人）"。

### 第一日

你的死因令我无比愤怒。医护人员没能救活你，我真想打他们几拳，吼他们几声。我很难过，在我依然需要你的时候,你却离开了这个世界。

——琳达·安德森(LINDA ANDERSON)[1]

我丈夫死于癌症。医生一开始误诊了病情,让丈夫失去了绝佳的治疗机会。我恨我自己没能早点察觉丈夫患有癌症,还以为他是因为年纪大了面相才有所变化。丧夫让我愤愤不平,而我也逐渐接受了我胸中的怒火,努力用妥善的方式将情绪倾诉出去。有时候我会忍不住对别人发脾气,认为他们不值得拥有这一切,现在我在尽力克制自己,改掉这个坏习惯。

## 第二日

我们往往更善于压制愤怒,却很少感受愤怒。要设法在既不伤人又不损己的情况下将愤怒宣泄出来。一味地将怒火藏在心中是不行的,要敢于触碰。其实,越是愤怒,就意味着爱得越深。[2]

——伊丽莎白·库伯勒-罗斯

我们没有必要假装不愤怒。毕竟我们有地方宣泄,

---

[1] 本段摘自 Saying Goodbye to Your Angel Animals。琳达·安德森,英国犯罪小说作家、编剧,有 Rhona MacLeod series 和 Patrick de Courvoisier series 两个系列的代表作品。
[2] 本段摘自《当绿叶缓缓落下:与生死学大师的最后对话》。

有办法探究，而且还能从中学点道理。若是没有愤怒，我都不知道我现在会变成什么样子。因为愤怒，我才明白爱有多深，怒气就会有多大。在我看来，关键在于是为怒所制还是学会制怒。

## 第三日

> 有人恨逝者，也有人在恨自己为什么恨过逝者。
>
> ——安妮塔·伍瑞芙（ANITA SHREVE）①

我曾痛恨丈夫，咆哮不已，怪他撒手而去。但转念一想，错不在他。可我仍然很气愤，我问自己："如果我能早点发现丈夫的病因，他是不是就不会去世呢？"并非如此。我现在懂得愤怒不是理性的情绪，说来就来，本就如此。

## 第四日

> 我知道这不公平，这样不对，但就是控制不住。不久之后，心中的愤怒仿佛与我融为一体，似乎只有在愤怒中，我才能度过悲伤。②
>
> ——尼古拉斯·斯帕克思

---

① 本段摘自 Testimony。安妮塔·伍瑞芙（1946—2018），美国作家，1976年获欧·亨利奖，主要作品有《他想要的全部》《有多少爱可以重来》等。
② 本段摘自《幸运符》。

所爱之人离世，确实很不公平。不管他们是青春年少，还是老态龙钟，不管是疾病缠身，还是健康硬朗，我们都很爱他们，希望他们常伴左右。很多人选择用愤怒对抗悲伤，怪人生无常，恨命运不公，怨世间万物。

## 第五日

有些人为照顾别人，展现出勇敢的一面；有些人一口气将愤怒发泄出来，彻底崩溃；还有像我这样的人，以悲伤为勋章，怒气冲冲，不管不顾，恣肆咆哮，埋怨人世不公，发泄心中伤痛。

——T. J. 克鲁恩（T.J. KLUNE）[①]

有人称我为"激进的遗孀"，他们知道我不愿忘掉悲伤，还将其作为徽章，展示着爱的眷顾和爱的遗失。丈夫抱着不甘离世，让我怒气填胸，但愤怒中也有一丝平静，因为我知道，我们依然爱着彼此。

## 第六日

悲伤可能比死亡更丑恶，悲伤之人不会像流浪的羔羊一般，对牧羊人的指引心存感激。这个群体更像受伤的狼，对伸出援手的人亮出牙齿。

---

[①] 本段摘自 *Into This River I Drown*。T. J. 克鲁恩，曾获浪达文学奖，主要作品有 Green Creek 系列小说、*The House on the Cerulean Sea* 等。

——皮尔斯·安东尼（PIERS ANTHONY）[1]

悲伤可能就像在仅存的一根神经上跳踢踏舞。哪怕是最善意的帮助，也会招致悲伤者的横眉冷对。别人投我以善意，我却报之以愤怒，我知道这样不对，也常因此道歉，但就是改不了。排解悲伤，必须要做的一件事就是平复心情、转移怒气。

## 第七日

悲伤也许就像战斗：久经沙场之后，身体就会听从本能反应的指挥。若是悲伤像敢死队一样向阵地逼近，内心就会紧绷起来，同时为内心负伤、遭受剧痛做好充分准备。剧痛确实很折磨人，但也不用那么悲观，因为破碎的心只剩愤怒和冲动了。

——萨巴·塔希尔（SABAA TAHIR）[2]

愤怒的人易冲动，而且越压制愤怒，越容易冲动。我给自己设定了目标：不要完全排斥愤怒，而是以之为武器抵挡悲伤。我是一个悲伤的勇士，愤怒是我的武器，有了它，我便可以东山再起，不至于一败涂地。

---

[1] 本段摘自 Refugee。皮尔斯·安东尼（1934— ），美国最杰出的奇幻、科幻作家之一，许多作品荣登《纽约时报》畅销书榜，主要作品有《宾克的魔法》《魔法之源》《鲁格纳城堡》等。
[2] 本段摘自《灰烬余火2：暗夜火炬》。萨巴·塔希尔（1983— ），美国作家，凭借《灰烬余火》两部曲成名，另一部是《灰烬余火1：武夫帝国》。

## 悲伤耳语者

　　我发现很难自我表达愤怒，迫不得已，我必须自我许可将所感所想说出来。我需要创造一个自我，替我说出实在说不出口的话，我称之为"野兽"，它的话可能让你半信半疑，因为本我从来不会说那种话。你们可以琢磨一下，你们的愤怒自我是什么样子，可以将其画在纸上。然后，找个时间把所有怒气向它宣泄出来，这事你可以自己完成，也可以请一位知心好友或心理医师陪着。宣泄方式有很多，你可以大吼大叫、拳捶枕头、乱写乱画、诅咒辱骂、敲锣打鼓，只要能让你舒服就行，只需保证一点，就是不能危及身心健康。如果你感觉到愤怒情绪占了上风，轻轻道声感谢，暂且抛在脑后，准备好了再仔细审视并用心感受愤怒要告诉我们什么。

# 第十五周
# 感恩

悲伤会蒙蔽双眼,让你觉得不受上苍庇佑。但感恩的种子始终深藏于心底,蛰伏于严寒霜雪之下,心灵需要时常灌溉呵护。种子悄悄生根发芽,亲朋好友陪伴身边时,甚至行走在世间时常常会与各种美好不期而遇。在最消沉的日子里,我甚至会对家里的水管抱有感激之情。有时我还是会觉得生无可恋,没什么值得感激的。这时我就停下脚步,用心聆听,仔细观察,调整呼吸。我发觉,我会感激哀悼同伴的大象,感激演绎精彩戏剧的剧院,感激融化内心的笑容,感激温暖身体的毛毯,感激一路上有你们伴我同行。

## 第一日

因此,我不得不说,感恩之心是第十三条金线[1]。我常怀感恩之心,因为我知道,即便在恐惧和悲伤中,我人生的每个角落也洒满了命运的馈赠。

---

[1] 爱丽丝克·韦布在畅销心理学著作《十二条金线》中借老祖母之口介绍了人生成功的12条黄金法则。

——温德尔·拜瑞（WENDELL BERRY）[1]

于我而言，最重要的馈赠是我与丈夫之间的爱。在最悲伤的日子里，我能感受到生活给予我许多彩色细线，我要做的就是将它们捻成一股绳，把自己从绝望的深渊中拉上来。这个过程很缓慢，尤其是再次滑坠时，尤为煎熬，但即便困难重重，哪怕磨得双手火辣，我也紧紧抓住，竭力攀爬。缅怀逝者、经历悲伤的同时，倘若我们能敞开心扉，心怀感恩，就会明白，命运其实已经给了我们颇多恩惠。

# 第二日

感恩是灵丹妙药，能疗愈遭受悲痛创伤的心灵。如果你只能对蔚蓝天空心怀感激，只管感激就行。

——里谢尔·E.古德里奇（RICHELLE E. GOODRICH）[2]

我可能对风雨般的生活更加心存感激，因为它与我的内心世界更相像。若想尝试感恩的疗效，首先找到让自己感激的事情，有一件足矣，想想你是怎么受

---

[1] 本段摘自 Hannah Coulter。温德尔·拜瑞（1934— ），美国哲学家、作家、诗人、文学教授，美国国家人文奖章获得者，2013 年当选美国人文与科学院院士，主要作品有 Jayber Crow、The Unsettling of America: Culture and Agriculture 等。
[2] 本段摘自 Smile Anyway。里谢尔·E.古德里奇（1968— ），美国奇幻小说、当代文学作家，主要作品有 Secrets of a Noble Key Keeper、The Harrowbethian Saga 系列小说等。

其恩惠的，感恩之药的功效随之被激发。如果在与亲朋好友相聚时，在欣赏蝴蝶翩翩起舞时，在大快朵颐享受美味时，我们也能感激被给予的恩惠，感恩便会驱散伤感。每一次胸怀感激，就像是服用了一次特效药，疗愈悲伤，抚平伤痕。

第三日

每次听闻有人离世，我都会很难过。但也正是伤感中迸发出感激，我时刻警醒自己，人生苦短，韶华易逝，要珍惜生命中的每次机会，去原谅别人、分享美好、探索未知，用心去爱。

——史提夫·马拉波利（STEVE MARABOLI）[1]

我会尽全力丰富生活，不虚度光阴，以此感激丈夫，以及所有与我有交集的人。我会一步一个脚印。我会抓住每次机会享受生活、帮助他人，以此缅怀逝者。

第四日

悲伤能置你于死地，也能让你思虑精纯。比如，如果一段感情注定到头来阴阳两隔、生死茫茫，算不

---

[1] 史提夫·马拉波利（1975— ），美国演说家、作家、人生规划师，主要作品有 Life, the Truth, and Being Free 以及 The Power of One 等。

算一腔柔情付诸东流？是否此情绵绵、朝朝暮暮、柔情蜜意让你怯于追忆？死别之痛重逾千斤，更兼其生前之惠，将你压垮在地。

——迪恩·孔茨（DEAN KOONTZ）①

有一天，我突然意识到与其一味地沉浸在悲伤中，不如继承他的遗志，以其生前耀其身后。丈夫曾向嗜酒如命者传授戒酒的经验，我也每天去帮助身处悲伤中的人；丈夫热爱生活，我也每天努力热爱生活。我微笑着他的微笑，热爱着他的热爱。我背负的悲伤也在感激中逐渐减轻。

## 第五日

总有人在我们心中不可或缺、无可替代，我们也不该去找寻替代品。心中空白一直为他/她而留，我们就等于没有分开。回忆越是美好，就越是难以忘怀，但感恩之心可以将痛苦的记忆转变成静默的愉悦。

——迪特里希·朋霍费尔（DIETRICH BONHOEFFER）②

---

① 本段摘自 Odd Hours。迪恩·孔茨（1945— ），美国悬疑惊悚小说大师，现已出版105部小说，其中有30部曾荣登《纽约时报》畅销书排行榜，主要作品有《守护神》《以月光的名义》等。
② 迪特里希·朋霍费尔（1906—1945），德国信义宗牧师、神学家，认信教会的创始人之一，著有《团契生活》《做门徒的代价》等。

心中空白只属于逝者,这片空白是不幸中的幸事,牵动阴阳,维护所爱。感恩之心则冲淡了回忆的痛楚,让我们重新找回过往的快乐。

## 第六日

你将永远活在我心中。你的言语、你的精神、你的灵魂会与我融为一体,成为我的一部分。我的心中填满了关于你的回忆。谢谢你出现在我的人生中,我将永志不忘。

——埃米·艾尔登(AMY ELDON)[1]

我们见证了所爱之人生活中的点点滴滴,并一直铭记在心。他们自出现在我们生活中的那刻起,便从未退场。我们若能对他们心怀感恩,感激他们一路相伴,感激他们给予的一切,心情会大不相同,即便内心忧伤,嘴角也挂着微笑。要知道,悲伤不仅仅只是伤感的源泉,也可以成为快乐的载体。我永远不会把你忘怀,君心即我心,我爱你。

## 第七日

我停下脚步,仰望月亮,向星星许愿;我无比心碎,

---

[1] 埃米·艾尔登(1974— ),英国制片人、作家,主要作品有 *Soldiers of Peace: A Children's Crusade*、*The Thousand Year Journey* 等。

但还是感激上帝送你来到我身边。这一切,都是因为你,我从未如此爱一个人。

——梅利莎·埃什勒曼(MELISSA ESHLEMAN)[1]

丈夫离世,给我的内心和生活带来多少改变呢?不胜枚举。你教会了我那么多,以后也将一直指引我前行。因为你的离去,我开始沉默寡言,养成了审美意识,看到了自我价值。

---

[1] 梅利莎·埃什勒曼,美国女作家,主要作品有 *Always Within: Grieving the Loss of Your Infant* 等。

# 悲伤耳语者

整理一下他/她的照片，浏览一下往昔书信、卡片或视频，再回顾一下以前是怎样向逝者表示感谢的。现在，请想一想逝者让你感激的事情，并列一张清单，名字就叫作"因为有你"。面对着这张清单，思忖一下，你所爱的逝者在哪些方面丰富了你的生活？

## 第十六周
## 亲戚朋友待我们如何？

在我们悲伤之时，亲戚朋友通常一如既往地给予帮助，而冷眼相待甚至避而不见者也不在少数。这种时候，我们相当脆弱，无力再去纠结出现裂痕的友谊或亲戚关系。丈夫去世后，我最好的一位老朋友开始对我爱答不理。悲伤者会经历很多奇怪的变化，悲伤者身边的人同样也会。女儿一直是我坚实的后盾；一位朋友修复了我们的关系。现在，我的大多数朋友都是在我丈夫去世后结交的。悲伤既可终结一段旧情谊，也可建立一段新情谊。

### 第一日

想弄清谁才是对自己最重要的人时，我们想到的往往不是那些给予我们建议、给我们出主意或者想方设法安慰我们的人，而是帮我们分担痛苦的人。这才是真正关心我们的朋友。

——卢云神父（HENRI J.M. NOUWEN）[1]

---

[1] 本段摘自《始于静谧处：默想基督徒生命》。卢云神父（1932—1996），荷兰天主教神父、教授、作家、神学家，曾获克里斯多佛奖等奖项，主要作品有《颂主慈恩》《从幻想到祈祷：灵修生活的三个动向》等。

我发觉，最让我觉得亲近的不是安慰我的人，因为我不需要安慰。除非让我丈夫复活，否则一切都是徒劳。我很幸运，因为有人可以倾听我的悲伤，能够陪在我身边，理解我、体谅我。我也想以同样的方式对待其他悲伤者。我为他们创造了一个可以自由倾诉的空间，他们随意诉说，我用心聆听。

## 第二日

　　她宁愿拥有虚构中的真心实意的朋友，也不愿结交现实里虚情假意的朋友。[①]

——丽贝卡·麦克纳特

　　在我眼中，诚实与真挚胜于一切。有些朋友，我认为是真心待我的，实际上却是假朋友。我不知道他们是曾经真心，只是后来变了，还是从未付出过真心。如果你付不出真心，那不如没有这个朋友。

## 第三日

　　巨大悲痛第二级：越是熟悉，越是悲伤。看到逝者被推进太平间时，送行的人群都感觉失去了生平知己，因为各自的交往让他们觉得自己心中之悲远胜他

---

① 本段摘自 *Smog City*。

人。逝者英年早逝，在他们心中刻下深深伤痕，因此他们泪流不已、撕心裂肺，更加明白生之幸运。

——S.G. 雷德林（S.G. REDLING）[①]

我们永远不能将自己的悲伤与他人做比较，毕竟悲伤不是竞技运动。有些人可能有意无意地将自己的悲伤放大，觉得比我们更悲伤。处在悲伤的困境中，你会觉得备受伤痛、难以自处，但要知道，悲伤之人不止你一个。

## 第四日

你可能察觉到，葬礼一周后，没有谁想听你倾诉失去所爱之人的痛苦了，这种心照不宣令人不快。你曾当成好朋友的人会在教堂对你视而不见，扭头就走，或者在超市购物时，赶忙溜到货架后面，唯恐避之不及，唯恐你的悲伤情绪影响他们的心情。

——苏珊·多马迪·艾森伯格（SUSAN DORMADY EISENBERG）[②]

悲伤，是最能摧毁意志、最难以挣脱、最易受人误解的情绪之一，也让人极为难受。人们总说人生在

---

[①]S.G. 雷德林，美国女作家、播音员，主要作品有 The Widow File、Damocles 等。
[②] 本段摘自 The Voice I Just Heard。苏珊·多马迪·艾森伯格，美国女作家，The Voice I Just Heard 为其代表作。

世不容易，是啊，我们就是活生生的例子——所爱之人撒手而去，空留坍塌破碎的世界；我们需要关怀，却没人注意，我们需要安慰，也无人能给。这的确让人痛苦，但这就是现实。

## 第五日

　　我没有表现出真实感受。真正的悲伤丑陋不堪，令人不快，仿佛断裂的残肢、裂开的伤口，旁人不忍直视，躲闪不及。别人眼中的死亡是舞台剧的描绘，优雅端庄，没有血腥，甚至就像看戏一样轻松愉快。

　　——莎拉·里斯·布伦南（SARAH REES BRENNAN）[1]

　　尽管我说出了内心的悲伤，也算是不同寻常了，但在那些最消沉的日子里，我还是将悲伤埋在了心底。我不想让别人担心，也不愿听他们的建议。我很清楚有多少人不愿触碰悲伤，也意味着他们不愿接纳真实的我。悲伤者因此更有疏离之感。该倾诉什么，该隐藏什么，确实很难把握。

## 第六日

---

[1] 本段摘自 *Tell the Wind and Fire*。莎拉·里斯·布伦南（1983— ），爱尔兰女作家，专注于青年奇幻作品，主要作品有 *The Demon's Lexicon*、*The Demon's Covenant*、*The Demon's Surrender* 三部曲等。

比葬礼更让人糟心的是葬礼后大家对你的态度，那态度就像是对待病人似的。

——丹尼斯·贾登（DENISE JADEN）[1]

很多人参加了我丈夫的追思会，有不远万里坐飞机赶来的，有住在附近的，也有人没到场。最珍视的亲朋好友仍然随时可以伸出援手。葬礼之后，我们才知道朋友的成色。悲伤经久不散，很少有人能够有耐心听我诉说。但悲伤不是疾病，也不会传染，我不希望有人将悲伤者当作传染病人隔离起来。

## 第七日

能分享自己的生活，别人处境不佳时能够理解并且感同身受，彼此之间可以相互依赖，这才是理想中的社会群体。

——桑迪·奥西罗·罗森（SANDY OSHIRO ROSEN）[2]

我如今的社交圈相比以往已大不相同。现在的朋友都知道我会随时谈及我的丈夫。当然我还有一些老朋友，但大部分是在丈夫去世后才结交的。其

---

[1] 本段摘自 Losing Faith。丹尼斯·贾登，加拿大青年文学作家，主要作品有 Never Enough、Losing Faith 等。
[2] 本段摘自 Bare: The Misplaced Art of Grieving and Dancing。桑迪·奥西罗·罗森，加拿大女作家，主要作品有 Damned Near Killed Him 等。

中一个闺蜜就是不久前认识的,她也刚刚经历丧夫之痛,这也是我们关系如此亲密的原因之一。我很感激在我悲伤时给予支持的人,接纳我这个孤独的人进入他们的圈子。

# 悲伤耳语者

买两支蜡烛，一支粗大一点，燃烧得久一些，另一支小一点，比如那种小餐烛，燃烧快。先点上大蜡烛，感谢所有在背后支持你的人。如果没有这样的人，那就请烛光将他们带进你的生活。然后点上小蜡烛，对于那些伤害过你，或者抛弃你的人，你有什么想说的，就尽管说出来。说完后，你就可以待在一旁，感受着大蜡烛温暖的烛光，看着小蜡烛燃烧殆尽。

## 第十七周
# 内疚

有的悲伤者常会感觉内疚，因为所爱者已逝，自己独活于世；因为面对死神束手无策，保护不了所爱的人；因为每天还能笑声盈盈、开开心心地生活，似乎有点不忠。我们内疚是因为自己觉得应该内疚。在脑海里注视着丈夫的双眼，我读出了爱与宽恕。那我能宽恕自己吗？

## 第一日

即便你还能开心地与朋友相聚，被他们的笑话逗得开怀大笑，可这释怀中，也依旧夹杂着悲伤，或许还有内疚。[1]

——伊丽莎白·库伯勒-罗斯

悲伤沉积心中，内疚油然而生，这很正常。我们习惯带着伤痛来缅怀和纪念逝者。数年以后，我才意识到，不忘其死不如铭记其生。我生命的意义从此加倍，我不仅要为自己而活，更要为丈夫而活，这是我的责任。

---

[1] 本段摘自《当绿叶缓缓落下：与生死学大师的最后对话》。

## 第二日

你思念逝者的间隔逐渐变长。当你再次想起他们时,心中仍有阵阵刺痛。这时,内疚感就会向你袭来,因为你已经太久没有想他们了。

——克里斯廷·奥内尔·塔伯(KRISTIN O'DONNELL TUBB)[①]

有没有不思念逝者的时候?我几乎无时无刻不在思念,只是有时候自知,有时候不自知。我们恢复正常生活后,对逝者的思念逐渐淡化,这无可厚非。倘若我们意识到这份思念仍在心中,也许可以减轻内疚。

## 第三日

悲伤是一片汪洋,海面下翻滚着内疚的暗潮,将我们卷入波涛之下。

——肖恩·大卫·哈钦森(SHAUN DAVID HUTCHINSON)[②]

我们可能会淹没在悲伤和内疚之中,被内疚夺去性命。既然我们能降服悲伤,我们或许也能够降服内疚。

---

[①] 本段摘自 *The 13th Sign*。克里斯廷·奥内尔·塔伯,美国女作家,主要作品有 *Selling Hope*、*Autumn Winifred Oliver Does Things Different* 等。
[②] 本段摘自 *We Are the Ants*。肖恩·大卫·哈钦森,美国青年文学作家,主要作品有 *The Five Stages of Andrew Brawley*、*Violent Ends* 等。

## 第四日

　　心已随他埋入黄土,却还想着重新过上快乐充实的生活,我有些过意不去。

　　——克里斯汀·霍普·马佐拉(KRISTEN HOPE MAZZOLA)[①]

　　我想我的心也随着丈夫埋入了黄土,不过,我的心依然在跳动。我还保留着一封丈夫写给我的信,信中说他为我感到骄傲,因为我总是可以在哪儿跌倒就在哪儿爬起来,随后继续前进。现在,我想再让他为我骄傲一次。也许,快快乐乐地度过余生,哀哀戚戚地度过余生,都是一种哀悼,没有宜与不宜之分。

## 第五日

　　你深受内疚之苦,将所有的温柔体贴或周到之事都抛在脑后,尽管清楚自己理应做过。回想起来,尽是些卑鄙小气或虚伪之举……

　　——埃朗·马斯塔伊(ELAN MASTAI)[②]

　　为说过的话、做过的事感到内疚乃人之常情。人际关系错综复杂,我们为此虚耗许多光阴。我想重新

---

① 本段摘自 Crashing Back Down。克里斯汀·霍普·马佐拉,美国《华尔街日报》畅销书女作家,主要作品有 Unacceptable、Hat Trick 等。
② 本段摘自《走错未来的人》。埃朗·马斯塔伊(1974— ),加拿大剧作家、作家,电影《如果的事》编剧,小说《走错未来的人》为其代表作。

来过，我希望我们都能让对方知道有多爱彼此，而不是深藏心底。每当陷入内疚无法自拔，我便努力回忆专属我们两人的过往，回忆那些甜蜜幸福的时光。生而为人，我们不可能事事尽善尽美。

## 第六日

内疚悄然袭来，鬼鬼祟祟，却不可阻挡，冷酷无情。它给不了我们什么好处，也不是我们的朋友，但是却如此熟悉，甚至会把它当成我们内心自发的感觉。因为内疚，我们自然而然地经常责备自己。

——加里·罗（GARY ROE）[1]

很多事情我原本可以做得更好。我不确定能不能原谅自己，但我丈夫已经原谅了我。我将会以丈夫为榜样，让他指引我前行。

## 第七日

独活于世，你会发现，先你而去之人，其灵不散，压在你的肩头。

---

[1] 本段摘自 *Shattered: Surviving the Loss of a Child*。加里·罗，美国励志类、非小说类作家，主要作品有 *Please Be Patient, I'm Grieving: How to Care for and Support the Grieving Heart* 等。

——保罗·巴奇加卢皮(PAOLO BACIGALUPI)[1]

讲老实话,我喜欢这些魂灵,也爱这些魂灵。他们逝去而我独活,我会心存内疚,也会感到肩上承重如山,步履蹒跚。我知道有一天我也会离开这世界,加入魂灵的行列,一起飘荡在别人肩头。

---

[1] 本段摘自 The Drowned Cities。保罗·巴奇加卢皮(1972— ),美国当代科幻界新秀作家,曾客居中国,作品具有浓厚的东方背景。2005年他开始在科幻界崭露头角,至今已获得五次雨果奖提名、四次星云奖提名。其中《发条女孩》几乎囊括了所有幻想文学大奖,其他著作还有《水刀子》《6号泵》等。

# 悲伤耳语者

拿出一张你幼年或年轻时的照片。如果没有，就回想一下那时候你的模样。现在的你会怎么照顾那个小宝宝呢？你对那个小宝宝有什么期望呢？那时候的你，天真无邪，宛若小精灵，还需要人照顾。现在，对着手里的照片说："我原谅你了。"然后做一次深呼吸，说："我原谅自己了。"你可以轻轻抚摸一下这张照片。你也不必纠结于内心是不是真的原谅自己了，尝试说"我原谅自己"只是一个实验，目的是感受一下心理变化。

现在找一张你所爱之人以前的照片，注视着他的眼睛。想象他对你说："我原谅你了，希望你以后过得幸福平安。"或者你也可以自己说点什么来代替。觉得内疚时，看看所爱之人眼中的自己，再一次听他们说："我原谅你了，希望你以后过得幸福平安。"你甚至可以想象你的所爱之人说："我们很快就会重聚了，希望那时候你有很多故事和我分享。"

## 第十八周

## 亲密

失去了爱的人,心理上无靠、生理上无依。我和丈夫亲密无间,无人可以替代。别人不知道我们聊起的过往,别人也听不懂我们分享的笑话。有人认为身体亲密接触就是性或欲,但触摸也是亲密接触,例如孩子和父母相互拥抱。丈夫去世后,再没有人为我抓痒,为我按脚。我曾经对他说:"谢谢你抱着我。"虽然他是个相当老派的人,他的回答却是:"因为我也想拥抱。"

### 第一日

她离去的影响就像天空笼罩着一切……有一处尤其能感受到她的离去,那里我无从逃避,那便是我的身体。①

——克莱夫·斯特普尔斯·刘易斯

以前我和丈夫紧紧相拥时,我们非常默契,我戏言说是"斗榫合缝"。现在丈夫走了,我便散了架。我就是他量体裁的衣,适足纳的履,我们的身体完美贴合。未来我

---

① 本段摘自 *A Grief Observed*。

的心可能还会填满，但身体可能就一直空虚下去了。

## 第二日

可怕的是，随着所爱之人离世，这种亲密关系不复存在，导致我们迷失自我，世界陷入停滞。[①]

——詹姆斯·鲍德温

我们相依相靠，一朝分离，怎能不黯然神伤？但相依相靠并非绝对依存。我总是将自己比作风筝，将丈夫比作放线的人，有丈夫在，我便可以自由翱翔。现在丈夫走了，虽然这大千世界依然人来人往，但我再也感觉不到往昔那份温存。

## 第三日

感知到她的离去并非在某一瞬间，而是经年累月，一个又一个的瞬间不断地提醒着你：邮箱里再也收不到她的邮件，枕头上再也闻不到她的发香。一次又一次，一天又一天，类似的事情反复地暗示，她已经永远离开了，终于有一天，你完全地感知到她的离去。

——约翰·欧文（JOHN IRVING）[②]

---

[①] 本段摘自 *Another Country*。
[②] 本段摘自《为欧文·米尼祈祷》。约翰·欧文（1942— ），美国作家，被美国文坛泰斗冯尼古特誉为"美国最重要的幽默作家"，1980 年获美国国家图书奖，主要作品有《盖普眼中的世界》《寡居的一年》《苹果酒屋的规则》等。

事实上,即便有人垂垂老矣或卧病在床,我们也绝不会预料他们面临死亡。我们总是留意失去的东西。消失的人或事数不胜数,其中一些无法取代,让我们一时全部接受几无可能。每一天我们都意识到"又失去了一些"。

## 第四日

她只想要曾经深爱的躯体,别无她爱。

——米切尔·拉蒂奥莱斯(MICHELLE LATIOLAIS)[①]

世间情爱不仅在于心灵和情感的互通,也包含身体的接触。我喜欢牵着外孙女的手闲逛,但也只能是牵着她,牵着别人家的孩子的手就没什么感觉。别人经常期望我们能在别处寻求慰藉,大多数时候我们确实也能感觉到有很多人爱着我们。但这并不意味着我们已经不再为所爱的逝者而心痛了。

## 第五日

她记得,八年里,每一个早上醒来,她都会不由自主地伸手摸一摸身边,希望他仍在那里,但只能慢慢习惯人去床空。每一次经历有趣的事情,转身想和

---

[①] 米切尔·拉蒂奥莱斯,美国女作家、教授,主要作品有 A Proper Knowledge、Even Now 等。

他分享时,却被现实当头一棒打醒——他早就不在身边了啊。

——卡桑德拉·克莱尔(CASSANDRA CLARE)[1]

我的眼睛、我的耳朵、我的手,我的身体是不是还有其他部位不敢相信你已不在世上了?有时我觉得自己很傻,已经整整八年了,我每天还是会想不明白,你怎么就再也不会推门而入了呢?大家总说要释怀、要放下。对于大多数悲伤者来说,他们身上总有某些部位永远不能完全接受挚爱之人的离世。即便心底已无波澜,我们的身体可能还会有反应。

## 第六日

这两个圆的交会之处,正是我所哀悼的。你告诉我,"她已经去往来生。"我的身心却在呼喊,"你快回来,快回来啊……"希望我们俩的圆能在同一个平面里再度交会。[2]

——克莱夫·斯特普尔斯·刘易斯

这是悲伤者无声的哀号。无论你是否相信有来生,都会不由自主地期望所爱的人能回到你身边。我们是

---

[1] 本段摘自《发条公主》。卡桑德拉·克莱尔(1973— ),美国女作家,凭《圣杯神器》系列小说成名,包括《骸骨之城》《灰烬之城》《玻璃之城》。
[2] 本段摘自 A Grief Observed。

有很多交集的两个圆，但现在你的圆却去了另外一个空间，我看不到也摸不着。每天我都会觉得，我最想要的、最需要的已经不可能回来了。

## 第七日

他去世后，我的生活黯然失色。以前他出现时是蓝紫色，触摸他时是靛蓝色，现在都不复存在了。但我依旧能看到，我内心各种情绪是大红色的，他的遗物是橙黄色的，我们过往的回忆是淡黄色的。有时，我甚至也觉察不到这些色彩，很害怕永远失去了它们。于是我便在昏暗处苦苦找寻，渴望再得一见。这就是我悲伤中的至暗时刻。

——托马斯·哈丁（THOMAS HARDING）[1]

许多人将悲伤描述成生活失去了所有色彩，没有色彩的生活是纯粹的黑暗。有个问题一直等待被解答："再也感受不到所爱之人的呼吸，再也触碰不到他/她的身体，该怎样保留最后一丝的亲密感呢？"去爱一个已经离世的人绝非易事。但我依然相信，爱永恒不朽。

## 第十九周

---

[1] 本段摘自 *Kadian Journal: A Father's Story*。托马斯·哈丁（1968—  ），英国非小说类作家、记者，主要作品有 *Hanns and Rudolf* 等。

## 悲伤耳语者

失去了与你有身体亲密接触的人,要设法护理身体、调节不适。你试过按摩推拿、按脊疗法或其他养生方式吗?你也可以在家里抹点身体乳霜,洗个泡泡浴。或者,你睡觉时抱个枕头可能也会起点作用。

心理上的无依靠也要调整。如果有人可以听我们倾诉,那运气实属不错。其实,我们依旧可以与所爱的逝者进行情感交流。每天夜晚或清晨,给他/她写一封信,内容可以是你的愿望和梦想,以及任何想与之分享的事情。征求一下他们的意见,想一想他们会怎么说。

至于与另一个人建立这种亲密关系,应不应该这样,或者什么时候合适,都没有标准答案。有些悲伤者从新的亲密关系中找到了慰藉,有些则没有。这需要沉稳耐心、仔细斟酌。

# 抛弃

抛弃有很多种：信任的朋友背叛了我们，这是一种抛弃；我们认识的逝者离我们而去，有时也会让人感觉是一种抛弃；所爱之人撒手人寰，让我们感觉被抛弃，但我们知道死亡并非其所愿（自杀除外）；上帝不庇佑我们，不管我们怎么祈求都不灵验；比我们强大的人不伸出援手，也是一种抛弃。我们常常会有被抛弃感，会由此滋生其他情绪。

## 第一日

许多人缄口不言，默默承受。沉默不是因为他们不想寻求帮助，而是因为他们已经试过，却发现根本无人关心。①

——里谢尔·E. 古德里奇

我一直拒绝保持沉默，但我很理解为什么会有人做出这样的选择。我们都需要有一个空间，能够畅所欲言，并且有人可以理解自己的感受。逝者引发的悲

---

① 本段摘自 *Smile Anyway*。

伤已经够难熬的了，没有必要再去为抛弃我们的朋友、漠不关心我们的人而伤感了。

## 第二日

"你怎么能够离开我呢？！"她大声哭喊，甚至想推倒墓碑，挖开坟墓，摇晃着母亲，期盼得到答案。

——马琳达·罗（MALINDA LO）[1]

"你怎么能够离开我呢？！"这个问题已经没人能回答。即使我们把所爱之人从坟墓里挖出来，他们也不会再回到我们身边。我知道丈夫并不在那堆骨灰里，但是这骨灰是他肉体的唯一残留。尽管万般不愿，但终归要接受，那我该怎么办呢？

## 第三日

最近几年我相继痛失几位亲人。我母亲在生命的最后几年里经常哀叹，她少女时代认识的人已经没有在世的了。我也逐渐开始理解她的惊恐，我不知道自己还能承受多少次被抛弃。

——戴安娜·阿克曼（DIANE ACKERMAN）[2]

---

[1] 本段摘自 Ash。马琳达·罗（1974— ），美籍华人作家，专注于青年文学创作，主要作品有 Ash、Huntress 等。
[2] 本段摘自 One Hundred Names for Love: A Memoir。戴安娜·阿克曼（1948— ），美国诗人、散文家、自然学家，曾获美国国家户外图书奖，主要作品有《动物园长的夫人》、The Human Age 等。

有一回,我参加葬礼,一个不认识的人在我身边徘徊,对我说了一句:"都走了。"痛失一位亲人就够让我们难受了,但许多人生命中会经历多次亲人离世。每一次我们都觉得再也不能承受这种被抛弃感了,但从未如愿。

## 第四日

你真的很孤独,特别是在那些本应关心照料你的人抛弃你的时候。

——班甘比基·哈巴亚里马纳(BANGAMBIKI HABYARIMANA)[①]

我很幸运拥有很多朋友。然而,同时也有很多原以为会一直在乎我的朋友对我不理不睬,让我倍感孤独。现在我与他人的关系再也不像以前那么亲密了,这也是悲伤带来的影响之一。为了享受与别人建立亲密关系带来的好处,我必须要承担某天他/她离世的风险。

## 第五日

你知道,魂归天堂也就解脱了。留在人间才真正

---

[①] 班甘比基·哈巴亚里马纳,卢旺达作家,主要作品有 *Pearls of Eternity*、*The Great Pearl of Wisdom* 等。

受苦。

——D.T. 迪林（D.T. DYLLIN）[1]

"他们去了更好的地方！"有人听了这句话会好受些，也有人听了勃然大怒。要我说，无论这个更好的地方在哪儿，他们都不在这个世界上了。我们必须学会在没有他们的世界里生活。我们哀悼先逝者，而非他们为我们伤心，这也算是我们给予他们的礼物吧。

## 第六日

我醒来时发觉胸口有点疼，还闻到了巧克力的味道，听到了魂灵在厨房里吵闹的声音。我想我的心明白有一个地方应该填满新的记忆。但是斯人已逝，我的心被戳了一个洞，我称其为"灵魂巨洞"。

——娜塔莉·劳埃德（NATALIE LLOYD）[2]

我的生活充实而空虚。丈夫去世后我有了许多新的经历，让我痛彻心扉的是再也不能与所爱之人一起留下新的回忆。我爱这魂灵，希望它多弄出点动静来。

---

[1] 本段摘自 Feeling Death。D.T. 迪林，美国女作家，专注于浪漫类、科幻类题材创作，主要作品有 The Death Trilogy 三部曲等。
[2] 本段摘自 The Key to Extraordinary。娜塔莉·劳埃德，美国女作家，专注于儿童文学创作，代表作 A Snicker of Magic 曾荣登《纽约时报》畅销书榜，其他著作还有 The Problem Children 等。

第七日

> 所爱之人永远不会真正离开我们。有些东西是死神之手也触碰不到的。
>
> ——杰克·索恩（JACK THORNE）[1]

置身于失去亲人的被抛弃感和痛苦之中，我真的相信爱会战胜死亡。想到死亡让我难过，但随后想到爱，我转而心存感激。也许，我只是觉得被抛弃了；也许，丈夫从未离开过。因为爱从未离开。

---

[1] 本段摘自《哈利·波特与被诅咒的孩子（第一·二部分）》。杰克·索恩（1978— ），英国编剧、剧作家，2017年凭借《哈利·波特与被诅咒的孩子》获劳伦斯·奥利弗奖，其他作品还有《奇迹男孩》《放射性物质》等。

## 悲伤耳语者

　　闭上双眼，想象你爱的人回到身边，画一幅画或者编个故事也可以。重逢是何感受？你们是在海滩漫步还是静静安坐，分享故事？你是否会为他/她狠心离去而大吼大叫？你尽可能央求他/她告诉你怎样才能与你同在。想象他们可能会说的话，可以自言自语，也算是一种交流方式。若你觉得不可能同逝者讲话，那便借用你的想象力吧。你了解他/她，爱他/她，因而猜得到会有怎样的对白。假如你所爱之人是自己放弃了生命，那么重逢练习时，请对自己格外温柔。

## 第二十周
## 信念

内疚可增强信念，亦可摧毁信念。信念随我们的改变而改变。上帝、女神、自然、生命力，甚至是自身皆可信奉。信念没有逻辑可言，却能带来心灵的慰藉。若你感觉信念动摇或丧失，请相信终会失而复得。有了信念，人便不会迷失。

### 第一日

有些夜晚，我独自一人系着信念的细线，品味着浓浓的孤独，在散落的星辰间摇曳。[1]

——温德尔·拜瑞

没有什么比生命中不可或缺之人离世更让我们感到孤独的了。但是总会有一些细线出现在我们面前，将我们拉回正常生活。这些线可能会断裂，但总有一根坚韧不断，那就是我们的信念。

---

[1] 本段摘自 *Jayber Crow*。

## 第二日

《圣经·旧约》中记载,悲伤的约伯撕裂长袍……①有人在哀号。但在我们这个疯狂的社会,饱受赞誉的是那些"镇定自若""勇敢坚强""气色不错,面色不改"的人。悲伤并不是信仰的对立面。哀悼并不是希望的对立面。

——詹妮弗·萨克(JENNIFER SAAKE)②

有些悲伤者告诉我,有人对他们讲:"如果深陷悲伤的话,就不是真正的信徒;真正的信徒总是无忧无虑的。"这话很伤人,而且是对宗教律例的错误解读。如果发现我们信任的人对我们的遭遇缺乏耐心或爱怜,我们必须找到一个能够给予我们爱心和耐心的人。

## 第三日

在失去亲人的重重黑暗中,我看到了光亮。我在无助和绝望的深渊里跌跌撞撞,形影相吊,走在漫漫长路上,那道光为我照亮前方。在漫长的旅途中,有时我抬起头来,环顾四周,上帝就在我身边。或许这

---

① 见《圣经·旧约》第1章。
② 詹妮弗·萨克,美国女作家,*Hannah's Hope* 为其代表作。

就是上帝的恩泽。

——玛丽·波特·肯扬（MARY POTTER KENYON）[①]

要有光，光一直都在，只是悲伤遮住了视线。如果感觉到了哪怕一缕光芒，都要认真留意，细心呵护，耐心等待这缕光芒变强变亮。信念点亮黑暗，上帝的恩泽指引我们回家的路。

## 第四日

悲伤之路曲曲折折，遍布荆棘，不知通往何方。作为朋友，你能做的就是在这条路上载悲伤者一程。不能着急，这段路不是一天两天就能走完的。

——安吉·史密斯（ANGIE SMITH）[②]

悲伤起初处于不平衡状态：你忍受着巨大的痛苦，却看不到希望。时光如梭，伤口可能会愈合，也可能一直滴血，但你会感到天平逐渐向希望倾斜。在痛苦中找到快乐究竟需要多久？不得而知，数月也罢，数年也罢，都属寻常。你可能在某刻找到了痛苦和希望的平衡点，但随即一切又归于失衡。

---

[①] 本段摘自 *Refined by Fire: A Journey of Grief and Grace*。玛丽·波特·肯扬，美国女作家、演说家，专注于回忆录、非文学类作品的创作，主要作品有 *Mary & Me: A Lasting Link Through Ink* 等。
[②] 本段摘自 *I Will Carry You: The Sacred Dance of Grief and Joy*。安吉·史密斯，美国女作家、演说家，主要作品有 *Seamless: Understanding the Bible as One Complete Story*、*Chasing God* 等。

## 第五日

当悲惨像乌云一样重重笼罩,请靠拢在一起。我们在乌云中抱团取暖,揭示只有在痛苦之处才能知晓的奥秘:我们会在暗影和闪耀的光芒中蜕变。即使我们的心已经破碎不堪,还是请赐给我们爱的力量。

——安娜·怀特(ANNA WHITE)[①]

置身云层的暗影中,悲伤有时会化身为容器,吸收更多的光芒。心碎之后,我们还能继续去爱吗?活在世上,我们能承受无爱之苦吗?希望我们能得偿所愿。

## 第六日

你破口大骂,但每一句咒骂迟早都会成为祷告。

——特里·普拉切特(TERRY PRATCHETT)[②]

我曾经听埃利·威塞尔说过,如果你诅咒上帝,那就是祈祷,因为至少你还能说话。有时我们认为自己已经失去了信念,但其实是愤怒将其掩盖。太

---

[①] 本段摘自 Mended: Thoughts on Life, Love, and Leaps of Faith。安娜·怀特,美国女作家,专注于青年文学、非小说创作,主要作品有 The Light and Fallen 等。
[②] 特里·普拉切特(1948—2015),英国著名幻想小说家,有"幻想小说家超级巨星"之称,自1983年开始创作"碟形世界"系列小说,以讽刺、幽默的笔调塑造了一个神奇却又真实的幻想世界,截至2014年已经完成40本,被翻译成30多种文字在全球出版发行,也因此获得"英国最佳幻想小说奖",并于1998年被英国女王授予"四等勋爵士"称号。

阳被乌云遮挡时，也仍然闪耀着明亮的光芒。有时我们确实失去了信念，我们必须做出决定，是在当下的信念丧失中麻木，还是进行一些心理练习，找回丢失的信念。

## 第七日

　　我的信念从未动摇，每失去一位亲爱的朋友，其实都是与世外乐土建立新的联系。信念之光永远在天空闪耀，我再次振作起来，很高兴他们得到自由。[1]

——海伦·凯勒

　　能够对永恒的关系抱有信念是多么美好。正如我们所知，死亡是生命的结尾，但爱仍在继续。我不会放弃这个机会。我相信所爱之人仍然与我们在一起。我相信，带着喜悦和温情缅怀他们，是我不会拒绝的恩赐。我没有拒绝接受丈夫的逝去，而是从中汲取力量，在悲伤中重塑自我。

---

[1] 本段摘自 *The Open Door*。

悲伤耳语者

　　把祈祷词写在纸上，宗教的祈祷也好，世俗的心愿也罢，随自己的信仰情况而定。你可以在祈祷词中表达赞美、祈福、请求赐予匮乏的急需之物，你也可以表示质问或愤怒。写好之后，每天选择一个时间朗读或默读。你想写多长就写多长。你可以用任意颜色的纸张，金箔纸或银箔纸也可以。请每天读一遍，内容可以不变，也可以随着你的心境随时更新。

# 第二十一周
# 没人理解我的感受

若是无人理解孤独的悲伤,我们会陷得更深。为了保护隐私,避免受到伤害,悲伤者宁愿保持沉默。很难找到他人助我们逃离孤独,让我们知道自己所思所想所作所为都是悲伤者的常态,而不是疯狂行为。有人总是误解我的悲伤,我毫不客气地问他们:"假如你刚刚接到一通电话,得知噩耗——所爱之人去世了。你什么时候能缓过来?"这个问题曾让硬汉也潸然泪下。

## 第一日

尽管我明白其他人也能感受到这种痛苦,但真正失去所爱之人的是我,而且我觉得没有人会真正理解这种痛苦,任我怎样解释其中的孤独和痛苦都是徒劳。

——琳达·霍利(LINDA HAWLEY)[1]

每个人都独一无二,同样,每个人的悲伤也是独

---

[1] 本段摘自 *Dreams Unleashed*。琳达·霍利,美国科幻小说作家,主要作品有 The Prophecies 系列小说,包括 *Dreams Unleashed*、*Guardian of Time*、*Wisdom Keepers*。

一无二的。"我懂得你的感受。"这话虽是为了宽慰,却是陈词滥调。其实你不懂,我的感受只有我自己懂。我们的最爱之人离世,也会令他人悲伤。但我们与逝者的关系始终是特殊的,只有我们才能懂得这是怎样的特殊关系。

## 第二日

有些人自认为理解你,但并不知道你心中五味杂陈,悲伤、愤怒和内疚,令人麻木。所以他们假装知道,告诉你,你做得很好,但其实并非如此。听了这话,大家心里都会舒服些,但唯独你不会。

——小威廉·H. 伍德威尔(WILLIAM H. WOODWELL)[1]

我不会告诉别人我曾在黑夜中呼喊:"这过的是什么日子啊?我受够了!"我也不会告诉别人我还是忍不住痛哭。人们不会知道,多年之后,悲伤的阴霾仍然笼罩着我。若我的悲伤不再,别人会感到欣慰,我却恰恰相反。

---

[1] 本段摘自 *Coming to Term*。小威廉·H. 伍德威尔,美国作家、编辑,主要作品有 *Choosing the President* 等。

## 第三日

每一个心碎的人都曾在某刻哭诉：你们为什么不能真正看懂我？

——香农·L. 阿尔德（SHANNON L. ALDER）[1]

隐藏心事再正常不过，想要倾诉也不足为奇。我们害怕的是，一旦心事为人所知，就得不到爱了。有时的确如此——我们对所信赖之人敞开心扉，他却转身离开。我想让你们了解一个真实的我，无论是完整还是破碎的。我想要你们即使看到一个支离破碎的我还依然爱我。

## 第四日

通常当你悲伤的时候，有人会对你说些乐观的话，但都毫无意义，只是他们自己心态乐观而已。他们说这些，要么是觉得这话可能对你有帮助，要么他们无法理解人死万事空、徒留辛酸泪，只能轻飘飘地安慰几句，好似"美好时光卡片"上的祝福语。

——纳迪亚·博尔兹-韦伯（NADIA BOLZ-WEBER）[2]

---

[1] 本段摘自 *Compulsion*。香农·L. 阿尔德，美国女作家、人生规划师，主要作品有 *350 Questions LDS Couples Should Ask Before Marriage* 等。
[2] 纳迪亚·博尔兹-韦伯（1969— ），美国作家、神学家，三次荣登《纽约时报》畅销书作家排行榜，主要作品有 *Shameless: A Sexual Reformation* 等。

别人粗心大意说些不合时宜的话,我们可以设法原谅他们,比如相信他们出于善意来安慰你。但这善意有时很让人受伤、让人恼怒。悲观主义者未必懂得悲伤,乐观主义者也未必明了。那些敢于敞开心扉、对悲伤与悲伤者以诚相待的人,才是给了我们真正美好时光的人。

## 第五日

你我知道各自内心的悲伤吗?如果我俯伏在你面前,哭泣着告诉你,你会不会了解我更多一点呢?

——弗兰兹·卡夫卡(FRANZ KAFKA)[①]

因为没有人理解我,所以我也不理解他们。在我面前满面春风、眼神含笑的人,可能隐藏着最痛苦的悲伤。我很难说清心中的悲伤,只能谈谈它的真实特性。这非常困难,所以我请求别人多给我点耐心。因为我也不知道他们的苦难有多重,所以我请求他们多多理解,能够用心同情我。

## 第六日

悲伤使人孤立,每一个仪式、每一个手势、每一

---

[①] 弗兰兹·卡夫卡(1883—1924),奥地利德语小说家、欧洲著名的表现主义作家、西方现代派文学宗师,主要作品有《审判》《变形记》《城堡》等。

回拥抱，都是徒劳，打破不了这种孤立。

——史蒂芬·埃里克森（STEVEN ERIKSON）[1]

任何话语、任何手势都不能摆脱这种孤立，即便是善意关怀和温柔抚摸也无济于事。没人能够理解我们的感受，没人知晓我们如今的处境。我们应该怎么办？是退回到一个人的世界，还是接受未知的那部分自己，用各种方式融入社交圈子，寻求支持，建立友谊，甚至是获取快乐呢？

## 第七日

悲伤意味着独自前行。其他人会在路边，倾听你的脚步声。但你终归是要自己走这条路，迈着自己的步伐，伴随你的是撕心裂肺的痛苦、鲜血淋漓的伤口以及不甘与愤怒的情绪。你终有望重归安宁，但要靠你自己。

——凯西·兰姆（CATHY LAMB）[2]

起初心态平和，接着要承受孤独、被人误解、倍感痛苦、满腔愤怒、饱经失去亲人的伤痛，最终回归

---

[1] 史蒂芬·埃里克森（1959— ），加拿大著名作家，著有奇幻系列作品《玛拉兹英灵录》，分为《月之花园》和《残破之神》两部。
[2] 本段摘自 *The First Day of the Rest of My Life*。凯西·兰姆，美国女作家，主要作品有 *Julia's Chocolates*、*Henry's Sisters* 等。

平和。这就是在悲伤中重塑自我的奇迹。平和的心态可以找回,生活亦可重塑,用你自己的方式,跟随自己的节奏。不是非得忘掉所有过往才可前行,只要准备妥当,随时都可以。

## 悲伤耳语者

找一个舒适的地方坐下或躺下。如果你愿意的话可以放点音乐。闭上双眼。虚构一个完全理解自己的人或物体。它可以是任何神灵或者上帝,可以是祖父母,可以是小孩子,可以是动物,可以是逝者,也可以是一道白光。总之,它可以是任何你觉得合适的东西。找到了理解的源泉之后,动用所有感官让它"活"起来。不管是静默还是交谈,都要与之充分深刻地交流。以无条件的爱感知这份理解。沉浸其中,尽情感受理解与爱,心满意足后,带着这份感受慢慢回到"真实生活"。如果你愿意,可以将场景画下来,或者用黏土制作模型。你还可以随身携带一块光滑的小石头或任何护身符,无论走到哪里,看到它就能想起这种感觉。

## 第二十二周
## 悲伤不可承受之重

悲伤不是物体,却可长可短、可圆可扁、可重可轻。它来得猛烈,来得沉重。处于悲伤之中,我们仿佛背负大山,寸步难行。我们可以改变它的大小和形状,从而不仅可以忍受,还能加以利用。何以解悲?唯有去爱。

### 第一日

悲伤是身体内的无底洞。它本应轻如鸿毛,却偏偏重于泰山;本应寒冷如冰,却偏偏灼热如火;本应尘封于岁月,却偏偏越发刻骨铭心。

——艾米丽·亨利(EMILY HENRY)[1]

起初,悲伤重逾千斤,压得我喘不过气。日子一天天过去,伤口反而越来越深,难以愈合。但只要我们做好准备,敷上良药就可抚慰心灵。

---

[1] 本段摘自 *A Million Junes*。艾米丽·亨利,美国女作家,主要作品有 *Beach Read*、*The Love That Split the World* 等。

## 第二日

> 他忘了悲伤并不是逐日衰减。悲伤恰如花园里堆积如山的杂物,不但有成堆的污泥,更有带刺的荆棘,在你毫无防备时将你刺伤。
>
> ——海伦·西蒙森(HELEN SIMONSON)[①]

我们面带微笑,欣赏四周美景,刹那间却痛苦得弯下腰。心中的悲伤沉重如山、锋利似刀。我们好不容易逃出悲伤,却总在最不经意间再遭其害。

## 第三日

> 每天早上醒来的那一瞬间,我仿佛已然忘却。但当我睁开双眼,往事就如同山崩般势不可当,锋利的伤心之石将我层层掩埋。我不堪重负,心底像是压着万斤重物。
>
> ——萨拉·奥克勒尔(SARAH OCKLER)[②]

我把这种感觉叫作"清晨哀悼"。我们睁开双眼后,确有那么一瞬间,受到了"失忆"的庇佑。但我们很快就会清醒,不得不再次被悲伤的岩石掩埋,

---

[①] 本段摘自 *Major Pettigrew's Last Stand*。海伦·西蒙森,英国作家,主要作品有 *The Summer Before the War* 等。
[②] 本段摘自 *Twenty Boy Summer*。萨拉·奥克勒尔(1975—    ),美国女作家,专注于青年文学创作,主要作品有 *The Summer of Chasing Mermaids*、*The Book of Broken Hearts* 等。

所爱之人的离世就是压在心口的重物。

## 第四日

悲伤无法躲避,会进入你的生活,躲入你的体内。悲伤让我心情沉重,反应迟钝。即便我开怀大笑,载歌载舞,或者沉浸在刚刚完成项目的喜悦中,悲伤依然存在,依然深藏在我心中。①

——安·胡德

未曾经历过巨大悲伤的人不会理解这种情形。我们不会刻意躲避悲伤,而是与之同行、与之共舞。无论我们肆意欢笑、尽情欢舞,抑或大发雷霆,悲伤依然在心中。即使在最轻松的时刻,悲伤也会带来沉重的情绪。

## 第五日

根据我的经验,与其丢掉我们的创伤,不如探索如何与其共存,明白有时悲伤的感觉会掩盖其他情绪。有些日子,我几乎感知不到悲伤的存在;还有些时候,悲伤异常沉重,我甚至都喘不过气。

---

① 本段摘自 *Comfort: A Journey Through Grief*。

——L.M. 布朗宁（L.M. BROWNING）①

　　经历这种悲伤特性的转变很正常。有些日子里，我们胸怀悲伤，却轻松自在，从容自若，我们觉得终于从悲伤中解放了。然而，快要到生日或者纪念日时，甚至在平常某一天，缩在鼠洞里的悲伤却突然之间变成了象群，践踏我们胸膛。我们可以把这群大象赶走，也可以静躺着，慢慢平复。

## 第六日

　　我们在房间里哭泣，怀念一个永远不会再回来的人。屋子吱吱作响，也许屋子感受到了我们悲伤的重量，也许地板因为负担太重而变形。

　　——罗谢尔·玛雅·卡伦（ROCHELLE MAYA CALLEN）②

　　有时我们周围的环境也能感受到悲伤的重量。我的整个生活空间都充斥着空虚的压抑。人去屋空，悲伤之声却响彻耳边，仿佛最坚实的壁垒也抵挡不住，几欲倒塌。

---

① L.M. 布朗宁，美国女作家，专注于游记、回忆录题材写作，曾获小推车奖等奖项，主要作品有 *The Castoff Children*、*The Nameless Man* 等。
② 本段摘自 *Ashes and Ice*。罗谢尔·玛雅·卡伦，美国女作家，专注于青年文学写作，主要作品有 *Ashes and Ice* 系列小说、*Two Breaths Too Late* 等。

## 第七日

悲伤不会凭空消失。就像搬运一块沉重的石头，你逐渐掌握了更省力气的方法，然后熟练运用，有时甚至忘记了还在扛着它。

——雷切尔·纽梅尔（RACHEL NEUMEIER）[1]

在日复一日排解悲伤的过程中，我们学会了像模特轻巧熟练地头顶辞典那般带着悲伤前行。慢慢地，于我们而言悲伤的重量，不再是惩罚，而是变为爱抚。我们承载着对所爱之人的记忆，承载着爱。我们的肌肉一直在经受悲伤的磨炼，也不像以前那么疼痛了。

---

[1] 雷切尔·纽梅尔，美国女作家，专注于奇幻小说、青年文学写作，主要作品有 *The Floating Islands*、*The Keeper of the Mist* 等。

## 悲伤耳语者

　　本项练习旨在探索悲伤的重量。收集一些能够在上面写字的小石头，可以去花园、海边或者其他地方找找，也可以直接去花园商店、工艺商店购买。

　　拿支记号笔或者颜料笔，在每一块石头上写下悲伤中带给你压力的东西。我要写的是悲伤、孤独和空虚。有些石头可以空着不写。你还可以彩绘装点这些石头。

　　写完以后，把石头都装进袋子里，掂一掂有多重。每天从袋子里扔出一块或者几块石头，数量由自己决定。如果你觉得有字的石头太多，负担太重，那就扔掉一块没字的石头。随着袋子越来越轻，你也会感觉身上越来越轻松。找个地方把这些石头放起来，在悲伤突然加剧的时候，把石头放回袋子里。你可以一次性把袋子清空，并想象清空悲伤是什么感觉。

## 第二十三周

## 戴面具

很多悲伤者惯于隐藏真实自我,以便过好一些。他们脆弱不堪,却假装正在好转。他们境况不佳,却说一切都好。他们不想拖累他人,不想听到老套的安慰,也不想再次面对无人理解与在乎的悲伤。戴面具也不容易,有时容易滑落,但悲伤者会慢慢戴上面具出席所有场合。对他们来说,找到自己的真实面目很难。

### 第一日

听你提起伤心往事,别人会感到厌烦。你的悲伤给别人带来负担,所以你表现得好像不再伤心一般,这样就不会打扰任何人。

——布列塔尼·C. 谢里(BRITTAINY C. CHERRY)[1]

人们会对悲伤失去耐心。对于他们的一些问题,我找到了很好的答案。有人问:"你好吗?"我会说:

---

[1] 本段摘自 *Loving Mr. Daniels*。布列塔尼·C. 谢里,美国女作家,专注于浪漫题材小说写作,主要作品有 Elements 四部曲、*Disgrace* 等。

"不算太好,不过也习惯了。"丈夫走后三周,一个好心的朋友问我:"还是很难过吗?"假装不再难过变得越来越简单。这种伪装于己未必有益,却可以避免打扰他人。

## 第二日

就像蜘蛛侠一样,我们都躲在面具背后,展示给他人的都是假面具。面具当然不是真相,之所以要戴着它,是因为我们平时遇到的人并不能面对真相,或者说我们不知如何展示真相。

——保罗·阿塞(PAUL ASAY)[1]

以完全真实的面目示人需要一定的勇气,还需要一点倔强。他们能否接受真实?我们能否示以真实?我们觉得做不到,因此戴上了面具。虽然是假面具,我们却认为更容易为人所接受。

## 第三日

我躲在面具后面,努力改头换面,却没有效果。有时候我会伤心到骨子里,只想蜷缩成球藏起来。但是,我会面带微笑,在家人、朋友面前假装快乐。

---

[1] 本段摘自 *God on the Streets of Gotham*。保罗·阿塞,美国作家、编辑,主要作品有 *Burning Bush 2.0: How Pop Culture Replaced the Prophet* 等。

——茱莉亚·克兰（JULIA CRANE）[1]

在某些方面，我们仍是悲伤的囚客。我们会待在家里，缩成一团，失声痛哭。的确有人如此，但大多数人选择微笑，为自己创建新的角色。别人看不到面具后面真实的我们，或者说根本不想看到，让我们更加孤立。如果他们根本不知道我们想逃离，何谈帮助我们逃离呢？

## 第四日

有些人难以忍受经历的痛苦，便将自己的苦难隐藏起来，因为快乐时光是生命之歌的主旋律，痛苦时段只是插曲，至于是真实感受的快乐还是遮盖浓黑悲凉的假面具，都无关紧要。

——托马斯·里戈蒂（THOMAS LIGOTTI）[2]

有人说："追随幸福，展现真实不如假装幸福。"有人还说："如果不开心，就说明你做错了，你是个消极的人。"说这些话的是谁呢？都是假先知。真正

---

[1] 本段摘自 Anna。茱莉亚·克兰，美国女作家，专注于浪漫文学、青年文学、奇幻文学写作，主要作品有 Between Worlds 系列小说、Keegan's Chronicles 三部曲等。

[2] 本段摘自 The Conspiracy Against the Human Race。托马斯·里戈蒂（1953— ），当代美国恐怖小说作家，被《华盛顿邮报》称为"当代恐怖小说的秘密武器"，曾获布莱姆·斯托克终身成就奖，主要作品有 Teatro Grottesco、Songs of a Dead Dreamer and Grimscribe 等。

心理健康的人，能够将心中感受一五一十地表达出来。真正的朋友亲密无间，彼此分享真实心声。

## 第五日

我们不想面对真实的自己，便戴上了面具。

——康·基亚罗·阮（KHANG KIJARRO NGUYEN）[①]

我们认为戴面具是为了躲避别人，其实也是为了躲避自己。我还知道自己是谁吗？如果不用面具隐藏自己，我会在情感、身体和精神痛苦的重压下崩溃吗？

## 第六日

我们惯于在生活中做出调整，以求生存。有时我们并不能真正恢复，我们就会做出改变：否认事实，佩戴面具，掩饰自己，隐藏情绪……

——斯科特·希尔德莱斯（SCOTT HILDRETH）[②]

有些悲伤者选择戴着面具生活，以此向人向己隐藏最深的悲痛。我们无法改变伤害我们的东西，所以就不去想。我们只是在真实的自我与真实的感受周围

---

[①] 康·基亚罗·阮，越南摄影师、艺术家、舞蹈演员。
[②] 本段摘自 *Broken People*。斯科特·希尔德莱斯，美国浪漫文学、当代文学作家，已出版50余部小说，主要作品有 Selected Sinners MC 系列小说、Biker MC Romance 系列小说等。

筑起围墙，还认为就此恢复了。

## 第七日

我看着镜子，镜子里面有一个人。她外出时，会显现出另一个人的面孔。她其实更喜欢做自己，于是慢慢尝试活出个性，却屡遭失败。然而，她尝试得越多，感觉就越好，也不再用面具遮掩自己。请接受我本来的样子吧。

——蒂娜·J.理查德森（TINA J. RICHARDSON）[1]

我还是我，安然无恙，但丈夫不在了，所以我的身体总有地方感觉不适。有时我遗世独立，但有时也与世修好。你喜不喜欢我，那是你的事。摘下面具，我就会知道到底谁爱我，谁能接受我本来的样子。如果你能接受，我也会投桃报李，接受你的真实模样。这才是真挚诚恳、意义非凡的爱。

---

① 蒂娜·J.理查德森（1927—2002），美国舞蹈家、商人。

# 悲伤耳语者

玩一个捉迷藏的小游戏。首先,买一个面具,或者自己做一个,也可以多准备几个,以代表不同的心情。你觉得舒心时,就可照着镜子做这个游戏。戴上面具,说一些你在公共场合说的话。然后摘下面具,说出心里话。再把面具戴上,再说一些在公共场合说的话。然后摘下面具,再次说出心里话。想做多少次这个游戏就做多少次。游戏结尾时说点结束语,比如,"不,我不太好,非常感谢""我没有陷入困境,非常感谢""不,我不需要你来帮我,非常感谢""不,我没有疯,非常感谢""我仍在悲伤中,我的一切行为和感觉对于悲伤者来说都是正常的"等,你可以随意替换上述句子。

## 第二十四周
## 情绪波动 / 悲伤侵袭

对悲痛者来说，情绪波动很难受，却是正常现象。生活环境里有太多诱因可瞬间让我们的思绪进入各种境地，所以情绪的种类很多。随着时间推移，我们学会了认知这些诱因，并且有望尽量平静处之。拿我自己来说，丈夫刚刚去世时，我很不愿碰到其他夫妇，特别是幸福甜蜜的夫妻，男方比我丈夫年纪大者尤甚。现在，我喜欢看见相爱的人。即使你现在不能与他人耐心相处，也要对自己多点耐心、多点温柔、多点理解。

### 第一日

我们习惯不了所爱之人离世带来的情绪巨震。有时，前一分钟我们还一切正常，下一分钟却悲痛欲绝，没有一点征兆。我们的情绪波动令周边人很难理解，因为即便是我们自己也道不出其中原因。[1]

——伊丽莎白·库伯勒-罗斯

---

[1] 本段摘自《当绿叶缓缓落下：与生死学大师的最后对话》。

接受所爱之人的死亡，你可能还达不到真正的释怀，还要能波澜不惊地应对随之而来的各种情绪漩涡。许多悲伤者听别人说，或者自己认为，他们"没有正确地排解悲伤"，怎么像是刚前进一小步，接着后退了三百步呢？你一定要知道，在悲伤之中，所有情绪波动都是正常的，或缓如流水，或迅若疾风，或亢奋不已，或压抑低沉，或旁逸斜出。

## 第二日

悲伤，我大概只能用过山车来形容，先是带你跌入地狱，与魔鬼同住，与地鼠为邻，然后带你冲破云端，到达天堂的起点。

——杰西卡·M.汤普森（JESSICA M.THOMPSON）[①]

悲伤是一辆变幻莫测的过山车。有时你觉得痛苦延绵不绝，永无终点，忽而又被爱托起，来到天堂，仿佛能再次触碰到所爱之人的脸庞。

## 第三日

悲伤就如烈火焚身，只有你设法扑灭火焰，它才会消失；而处理伤口时，你才发现皮肤其实没有

---

[①] 杰西卡·M.汤普森（1985— ），澳大利亚剧作家、编剧、制片人、导演，主要作品有 2017 年上映的《月亮之光》等。

伤痕。你长舒一口气，觉得终于度过了最糟糕的时刻，然而悲伤之火旋即复燃。你只能经受烈火的焚烧，别无选择。

——马歇尔·索顿（MARSHALL THORTON）[1]

你有没有试过往油火上泼水，结果却发现越烧越旺？悲伤就是如此，你永远不知道过往的经验会在什么时候派上用场。你只希望这一火焰在毁灭的同时也能净化世界，为未来更美好的生活增添希望。

## 第四日

"刺客式"悲伤通常会潜伏起来，在暗处予你一击。这种悲伤能够潜伏数年，然后在你最幸福的日子突然袭来，不明原因，无从解释。它的攻击对象恰恰就是你悲伤的心。一旦出手，便无失手。

——格里高利·大卫·罗伯兹（GREGORY DAVID ROBERTS）[2]

这就是真实的感觉。悲伤好似狙击手或刺客，在你最无防备之时，发出致命一击。而你找不到护身盔

---

[1] 本段摘自 *Murder Book*。马歇尔·索顿，美国悬疑惊悚小说作家，主要作品有 *Femme*、*Boystown* 系列小说等。
[2] 本段摘自《项塔兰》。格里高利·大卫·罗伯兹（1952— ），澳大利亚作家，曾因抢劫银行入狱，越狱逃亡重新被捕后决心改过自新，出狱后写下了自传式小说《项塔兰》，一鸣惊人成为专职畅销书作家。

甲，也想不出防身之策。

## 第五日

悲伤悄悄溜走，转而给我们背后一击。悲伤并无常形，时而挫伤，时而麻木，时而跟踪，时而恐吓，时而扼住咽喉。每每她摆脱伤感，在忙碌中遗忘往事，却在想起丈夫已经去世的一瞬间，悲伤再次袭来。

——凯特·马洛伊（KATE MALOY）[1]

今天我的悲伤会是什么样的？我会一直想着深爱的逝者吗？我会一直惊讶于他们的离去吗？是否总有人或物不断提醒我们斯人已逝，让我们心绪如麻，永远都不知道接下来会是什么情绪？

## 第六日

她说，别人认为她只是丢了钥匙，或者一时不知如何表达。但实际上她性格大变，情绪起伏不定，富有敌意，甚至有暴力倾向。即便曾是世界上最温柔的人，失去了心爱之人，剩下的也只有躯壳了。

——艾丽斯·拉普兰德（Alice Laplante）[2]

---

[1] 本段摘自 *Every Last Cuckoo*。凯特·马洛伊，美国女作家，主要作品有 *Every Last Cuckoo*、*A Stone Bridge North* 等。

[2] 本段摘自 *Turn of Mind*。艾丽斯·拉普兰德，美国女作家、编辑、教授，*Turn of Mind* 为《纽约时报》畅销书，其他著作还有 *A Circle of Wives*、*Coming of Age at the End of Days* 等。

你有没有发现自己比以前有更多敌意？你有没有发现自己的性格已经变得面目全非？这很正常。我们完全可以对自己进行重塑。现在已经有了躯壳，然后就是用一块块碎片来填补空缺。当然，要在我们准备好之后再开始。

## 第七日

一旦风暴结束，你就不记得自己如何渡过难关，如何顽强存活下来。你甚至都不能确定风暴是否真的结束了。但有一件事是确定的，走出风暴的那个你，已经不再是走进去时的那个样子了。[1]

——村上春树

经历悲伤风暴之后，我们便换了一副模样。以往给人好感的地方可能现在令人生厌，反之亦然。也许当风暴再次降临时，我们将学会坦然处之，不仅有战胜风暴继续前行的可能，而且还能优雅前行。

---

[1] 本段摘自《海边的卡夫卡》。

## 悲伤耳语者

我们经常会由于种种原因导致情绪波动，陷入悲伤境地。诱因总是突如其来，让人看不见也无法预料，毫无防备。在一张纸上贴5～20张便利贴。设想一些让你情绪波动或者感到伤心的原因。将所有可能的原因分别写在不同的便利贴上。或许是一首歌、一次约会、某个日子，也或许是看到完整的家庭。还可能是你所爱之人喜欢做的事情，一种食物，一种气味。你可以随意列出，可以随时增添便利贴，或者将不再有效的原因的便利贴撕去。

针对每一个原因（或者叫诱因），想出可以让你改变对其态度的办法，并将其写在每一张便利贴下面。你可能会写下"避免"或"接受"。有的诱因的解决办法可能会比较复杂。如果你暂时想不出有些诱因的解决办法，可以留白。

我以前看拳击或网球比赛时经常感到愤怒和伤心，因为它们是丈夫喜欢的运动。我心想："丈夫都不在了，怎么还有人参加这些运动？"后来我改变了想法："感谢这些运动曾给丈夫带来欢乐。"在所爱之人的生日或忌日，一些人会点燃蜡烛或放飞气球。我则会让身边的人做些善事，这会让丈夫永远开心。

当你找到越来越多让你感到伤心的原因，当你想出越来越多的办法去应对时，你便越容易以平和感恩代替激动厌烦。

## 第二十五周
## 加入群体

悲伤者通常独自前行,但若能加入群体则大有裨益。与他人分享,特别是与其他悲伤者分享,能够让我们知道那些看似不恰当的事情乃至咄咄怪事都是完全正常的。然而,我也发现,天天和悲伤者待在一起也加剧了我的伤感。丈夫去世后的第一年,我决定报名学习喜剧课。老师问:"你们为什么来这里?"我回答说:"我丈夫去世了,所以我觉得应该接触一下喜剧。"我了解到在很多地方都能找到团体,比如舞蹈课、艺术课或者集体徒步旅行。然而,融入团体并不是对每个人都适用的。如果你觉得孤立,想想,是因为悲伤呢,还是因为一直都很内向?

### 第一日

silentgrief.com 网站迅速发展,吸引了几千名读者,我觉得应该增加一些服务。于是我在脸书上成立了一个救助群,名为"无声的悲伤:失孩家庭救助"。如今每天都有成千上万来自世界各地的祖父母和父母访问此群，寻求并接受失去（孙）子女后的帮扶。

——克拉拉·辛顿（CLARA HINTON）[1]

现在网上有很多类似的悲伤者救助群和救助网站。在线上找到一个群体的好处是足不出户，甚至足不下床即可获得帮助。当你觉得被困于悲伤的漩涡，打开电脑，会了解到还有成千上万与你遭遇相似的悲伤者。你可以默默浏览他们的遭遇，也可以发帖讲述自己的经历，或者采用其他方法寻求帮助。

第二日

你的团体就在那儿。自己找找看，多找几个，然后把它们编列成巨轮船队保护你。

——梅根·迪瓦恩（MEGAN DEVINE）[2]

丈夫去世后，我加入了一个名为"文化圈"的小团队。大家聚集到这个圈子，一起分享诗歌、歌曲、故事、绘画、美食，以及其他艺术。我在这个团队中感受到了温暖，每个月会去一次。其实我从来都不是合群的人，但在参加各类团体活动时，我结交了一些

---

[1] 本段摘自 *Child Loss: The Heartbreak and the Hope*。克拉拉·辛顿，美国作家、演说家、悲伤心理咨询师，主要作品有 *Silent Grief* 等。
[2] 本段摘自 *It's OK That You're Not OK*。梅根·迪瓦恩（1970— ），美国女作家，悲伤情绪调节类、心理安抚类文学开创者，*It's OK That You're Not OK* 为其代表作。

好朋友。丈夫生前常说:"如果只活在自己的小世界里,就没有好的生活圈子。"我经常认为,如果归隐,会活得很自在;但实际上,融入朋友圈子可以把我从痛苦中解救出来,重温快乐时光。

## 第三日

悲伤是一种奇怪的生物,它手多腿少,踉踉跄跄,摇摇欲坠,四处寻找支撑——这就是悲伤的本质。

——扬·马特尔(YANN MARTEL)[①]

丈夫去世后的头几个月里,我步履维艰,走遍了全世界,只为寻求帮助。我知道我身处困境,并努力摆脱。至今我仍踉踉跄跄,但不再走那么远了。我已经完成了计划要做的事,而且经历的幸福、有成就感的时刻越来越多。这些都与我的悲伤情绪共存。

## 第四日

在悲伤的昏暗时刻,是别人的陪伴给予我们帮助,而非他们的话语,因为这些话往往会激怒我们。

——H. 瑞德·哈格德(H. RIDER HAGGARD)[②]

---

[①] 本段摘自《葡萄牙的高山》。扬·马特尔(1963— ),加拿大著名作家,代表作《少年Pi的奇幻漂流》曾获2002年的布克奖,主要作品还有《标本师的魔幻剧本》《自我》等。
[②] H. 瑞德·哈格德(1856—1925),英国冒险类小说家,主要作品有《所罗门王的宝藏》《三只狮子》等。

即使是打算安慰我们的人,也可能说出最令人恼火的话。尽管存在这种风险,尽管有些悲伤者非常独立,他们还是能从别人的帮助中获益。总是有一些人能够理解悲伤,能够在我们最悲伤的时刻陪伴在我们身旁。

## 第五日

我感觉似乎每个在我视线范围内的人都在慢慢地抽干我的生命。我难以挣脱与他人的联系,周围的人越多,我就越想钻到桌子底下痛哭。①

——肖恩·大卫·哈钦森

这是另一种情况。我们渴求他人陪伴的同时,也会盼望独处。我曾有过这样的经历:不喜欢孤独在家,又厌烦人多喧哗。某时某地或许能找到两者的平衡。每个人的情况都不一样。

## 第六日

悲伤有时就像是时间地图上某个特殊的位置、特定的坐标。站在悲伤的森林里,你无法想象怎样才能前往更美好的地方。但如果有人很肯定地告诉你,他

---

① 本段摘自 *We Are the Ants*。

们也曾站在此地,而现在已走出了一条通途,有时这会带来希望。

——伊丽莎白·吉尔伯特(ELIZABETH GILBERT)①

许多人将悲伤视作一只灯笼。有些人分享自身的经历,让我受益匪浅,我也会与之共享我的故事。准备好继续前行时,你会感觉心中充满希望。其实希望可能已经萌生了,只是你之前没有意识到。

## 第七日

挚爱已去,但这世上还存有点点滴滴的爱,比如友情、兄弟情、师生情。假设你现在从宫殿流落到乡下,你会因为农舍炉灶不如宫殿壁炉豪华而拒绝烤火取暖吗?你会拒绝向你求助、希望用你的炉火取暖的人吗?

——梅赛德斯·莱基(MERCEDES LACKEY)②

我也已经痛失我的挚爱。然而,这几年来,我在许多炉火中找到了温暖。我并非想让人取代或者

---

① 本段摘自《一辈子做女孩》。伊丽莎白·吉尔伯特(1969— ),美国女作家,专注于创作长篇小说、散文、短篇小说、传记,代表作自传小说《一辈子做女孩》已改编为电影《美食祈祷和恋爱》,其他作品还有《万物的签名》《去当你想当的任何人吧》等。
② 本段摘自 Magic's Pawn。梅赛德斯·莱基(1950— ),美国奇幻作家,现已出版超过140本著作,主要作品有 Heralds of Valdemar 三部曲、Valdemar: Last Herald—Mage 三部曲等。

复制我的挚爱，但我找到了其他的情谊。还有人告诉我，我自己也拥有一个相当温暖的小小炉灶，现在看来，应当让它继续发光发热，这样别人就可以和我一起取暖。我已经步入晚年，时日所剩不多。只要一息尚存，我就必须不断探索，努力回答诗人玛丽·奥利弗提出的问题："告诉我，你想怎样度过这炽热又珍贵的一生？"

## 悲伤耳语者

　　找一个有归属感的地方，把你想做的事情写成一本愿望书。你不必去做其中任何一件事，也不需要具备做这些事的技能。随便找一天，翻开这本书，选出其中一件事并做好标记。这件事仍然不是必须要做的。当你做好准备的时候，可以去执行。如果你不喜欢这件事了，就选另一件。鼓起勇气，邀请别人与你共进午餐或外出散步，最糟糕的情况无非就是他们婉言相拒。我实际完成的愿望远超我的想象，即便是起床都很困难的那几个月，我也坚持完成了几件事。一切皆有可能，方法总比困难多。

第二十六周
# 不喜欢现在的自己

悲伤能将我们改变成自己不喜欢的模样,我们似乎无力阻止。生活压力可能与日俱增。我们可能比以前更暴躁、更伤心、更忧虑、更疲惫、更敏感,同时也更麻木,这都很正常。悲伤总是以意想不到的方式出来捣乱。可能某一刻我们感觉良好,下一刻却异常难过。有时,我们非常怀念以前的那个自己,并不亚于思念所爱的逝者,这也是常见现象。

## 第一日

变成一个混蛋是悲伤的五个阶段之一吗?

——丽萨·施罗德(LISA SCHROEDER)[1]

我有时会变得非常暴躁,暴躁得不像我自己。我经常因为对别人发火而不得不向他们道歉。我的心已经破碎不堪,再也没有地方去包容更多伤心事了,只能发泄出来。悲伤给我们增添了许多困难,有时也使

---

[1] 本段摘自 *I Heart You, You Haunt Me*。丽萨·施罗德,美国女作家,主要作品有 *Far From You*、*Chasing Brooklyn* 等。

他人很难与我们相处。悲伤者，尤其是刚刚失去所爱之人的悲伤者，需要别人给予耐心与同情。

## 第二日

我知道已迷失自我；我不知道的是应该去哪里找回自己，那个曾经坚强勇敢、风趣幽默、富有才干的女人。我被死亡重重包围，只剩半个我、半条命。一个声音延绵不绝，像呻吟一样低沉，我听到后才意识到原来是自己的声音。这就是悲伤，是我的悲伤。

——罗恩·科尔曼（ROWAN COLEMAN）[①]

在别人眼里，我是一个有善心、有爱心、有成就的人。每次出门时，我经常对着镜子说："请让我看起来安然无恙，请让我的声音听起来一如平常。"我努力去展现出以前的样子。然而，我的身体已经被悲伤掏出一个大洞。我还能意识到自己取得的成就，也为自己感到骄傲。但是，随着丈夫离世，我随之而去的那部分已无法挽回。

## 第三日

她觉得自己的思想阴暗丑陋，愤怒和悲伤深不见

---

[①] 罗恩·科尔曼（1971—　），英国女作家，主要作品有 *The Day We Met*、*We Are All Made of Stars* 等。

底，无法忍受。

——克里丝汀·汉娜（KRISTIN HANNAH）[1]

悲伤常常表现为愤怒。今天我要脾气好一点，今天我要悲伤少一点。然后发生了一些事情，我不喜欢自己的处理方式。也许明天我会改变，也许不会，这种情况下我只能道歉。即使是源源不断的爱，也无力阻止翻滚不歇的愤怒和悲伤。

## 第四日

最为忧郁、愁云层层笼罩的时候，春日的蓝天也无法驱散我内心的阴翳。悲伤是我的新伙伴，我讨厌它，但又紧抓着它不放。

——凯蒂·克洛斯（KATIE CROSS）[2]

悲伤者常常紧紧抓住悲伤不放。我之悲伤即为我之爱。我与悲伤一同前行，我握着它的手，它也握着我的手。有时我讨厌悲伤，因为它让我看不见世界的美好。有时我只愿沉湎其中。我努力将悲伤改造成真正的伙伴，能够激励、鼓舞我，而非让我死气沉沉。

---

[1] 本段摘自《夜莺》。克里丝汀·汉娜（1960— ），美国女作家，主要作品有《夜莺》《真实的颜色》等。
[2] 本段摘自 Antebellum Awakening。凯蒂·克洛斯，美国女作家，专注于青年文学、奇幻文学创作，主要作品有 The Health and Happiness Society 系列小说、The Network Series 系列小说。

## 第五日

但是，所爱之人离世是你人生中最大的损失，如果永远无法释怀呢？悲伤令人眉头紧锁，即使是身边亲密的人也很难为你消愁，你会认为自己一定是疯了，拼尽全力却迈不过这道坎。①

——安妮·拉莫特

悲伤者感到自己发疯是很正常的。有时别人说我们疯了、病了或者被困住了，我们会愈发觉得自己疯了。其实并没有。知道自己没有疯，不理会别人的看法，会让我感觉舒服一些。

## 第六日

我发现那些说时间会疗愈所有创伤的心灵鸡汤都是假的，悲伤不会消退。我们从来都没有释怀悲伤，从来没有摆脱失败感，也从来没有停止自我厌恶。

——杰丝米妮·瓦德（JESMYN WARD）②

社会文化内化成个人思想是常见的事，我们会将生活中遇到的问题归因于悲伤状态。稍不留意，我们可能会因为绵绵不绝的悲伤厌憎自己。我们的任务不

---

① 本段摘自 *Stitches: A Handbook on Meaning, Hope and Repair*。
② 本段摘自 *Men We Reaped*。杰丝米妮·瓦德（1977—    ），美国女作家、教授，2011年凭借代表作《拾骨》获美国国家图书奖（小说类），2017年凭借 *Sing, Unburied, Sing* 再次荣获美国国家图书奖，成为历史上第一位荣获两次美国国家图书奖的女性作家，其他著作还有 *The Fire This Time* 等。

是终止悲伤，而是在悲伤中充实生活。

## 第七日

有时天生丽质者即便心怀巨大悲伤，依然魅力四射。我在葬礼上见过很多优雅端庄的逝者家属，但经验告诉我，当悲伤真正袭来时，她们是否仍能保持优雅尚且存疑。真正的痛苦丑陋不堪，令人伤痕累累，在灵魂打下烙印。

——朱利安·费罗斯（JULIAN FELLOWES）[1]

日子一天天过去，我慢慢明白，痛苦虽然丑陋不堪，令人痛彻心扉，打下无情烙印，但也让我的生命更有意义。我已经卸下伪装。和别人相处时，我可能默认他们更想看到一个安静平和的我。但是，要想真正了解我，就要知道我曾经历的伤痛。真正美丽、真正迷人的人，是那些敢于直面真实的人。

---

[1] 本段摘自 *Snobs*。朱利安·费罗斯（1949— ），英国作家、导演、演员、剧作家，2002年凭借电影《高斯福庄园》荣获奥斯卡最佳原创剧本奖，*Snobs* 为其小说代表作、《星期日泰晤士报》畅销书。

# 悲伤耳语者

　　找一个无人打扰的地方以舒服的姿势坐下或躺下。可以放点音乐或聆听大自然的声音。闭上双眼,试试能否感觉到你爱的那些人牵着你、抱着你或触摸着你的脸庞。记住他们心跳或呼吸的声音。记住你们四目相对、爱意流露的时刻。听听他们的声音,"我爱你所有的样子,爱你是我生命的一部分。我知道,没有我的日子很艰难,你改变了很多。我仍然爱你"。你想听到什么、需要听到什么,就让他们说什么。

　　你讨厌自己时,即使有充分的理由,也要知道,不要过于苛求自己,而是要从那些爱你的人眼中看自己,他们能看到你恒久不变的美好。

## 第二十七周
# 眼泪

从圣经时代（Biblical Times，约从公元前1250年开始算起）到罗马时代（Roman Times，约公元前753年—公元1453年）再到维多利亚时代（Victorian Times，约公元1837—1901年），都有一种漂亮的瓶子盛放眼泪，被称为"泪瓶"。有人认为眼泪是神圣的，有药用价值。还有人认为悲伤者眼泪的化学成分不同于普通人的眼泪。有人整日以泪洗面，也有人落不下一滴眼泪。其实，哭多哭少，没有对错之分。

## 第一日

眼泪有一种神圣感。它们好似信使，传递着我们汹涌如潮的悲伤、深藏内心的悔恨和难以言表的爱意。

——华盛顿·欧文（WASHINGTON IRVING）[1]

我们深爱逝者，故而心生悲伤。眼泪是眼中流

---

[1] 华盛顿·欧文（1783—1859），19世纪美国著名作家，号称"美国文学之父"，向往田园生活和古代遗风，最爱写随笔和短篇小说，主要作品有《纽约外史》《见闻札记》《瑞普·凡·温克尔》等。

淌出的爱。正是因为那难以言表的爱变成了汹涌如潮的悲伤，才将我们的眼泪从世俗之水升华为神圣之露。

## 第二日

你哭得最撕心裂肺的样子不是每个人都能看到的，那时候你的灵魂都在哭泣，无论你做什么，都无法找到安慰。哭着哭着，你身体某处逐渐枯萎，在残留的灵魂中结成一道伤疤。

——凯蒂·麦佳丽（KATIE MCGARRY）[1]

哭有不同种类。有一种源自灵魂深处，难以控制。这时我们无计可施，只有等到精疲力尽，眼泪哭干才罢。眼泪像急流冲刷岩石一样冲刷我们的灵魂。虽然会留下伤疤，但要知道泪水并未摧毁一切——再生组织会逐渐使伤口愈合，得以新生。

## 第三日

非常奇怪，哪怕是最难熬的悲伤时刻，你都能强忍着不哭，表现良好。但某一天，你突然看到了昨天含苞待放的鲜花盛开，或者是看到一封信从抽屉里滑

---

[1] 本段摘自 Pushing the Limits。凯蒂·麦佳丽，美国女作家，专注于浪漫文学、青年文学写作，主要作品有 Pushing the Limits 系列、Thunder Road 系列等。

落，顷刻间，天塌地陷。

——科莱特（COLETTE）[①]

有时候，一个最简单的手势都可能会让人心碎泪崩。无论到哪，悲伤都会与我们同行，而且很多时候我们很容易将其隐藏起来。然后有那么一天，睹物思人，眼泪像瀑布一样夺眶而出。我发现，随着岁月流逝，这种现象发生得越来越少，而且很少出现在公共场合。

## 第四日

上帝给男人分配的眼泪和女人一样多。但男人不可轻易流泪，泪水堵塞于心，导致心理负担过重，血压升高，酗酒伤肝，所以男人大多远早于女人去世。究其原因，就在于我们的脸庞未受足够的泪水滋润。

——派特·康洛伊（PAT CONROY）[②]

男人的悲伤和女人的没什么不同，同样锋锐如刀，深沉似海。丈夫在哀悼最好的朋友时能够放声痛哭，让我颇感欣慰。包括医学专业人士和研究人员在内的

---

[①] 科莱特（1873—1954），全名西多妮·加布里埃尔·科莱特，法国国宝级女作家，1948年获诺贝尔文学奖提名，主要作品有《琪琪》（后改编为电影《金粉世界》）、《茜多》等。
[②] 本段摘自 Beach Music。派特·康洛伊（1945—2016），美国作家，主要作品有《大河宽宽》《荣誉戒》《潮浪王子》《霹雳上校》，均已改编为电影，其中后两部曾获奥斯卡奖提名。

许多人认为，情绪得不到宣泄会导致身体出问题，甚至死亡。

## 第五日

眼泪不是为逝者而流，而是为自己而流。这样我们就能铭记逝者、感恩逝者、怀念逝者，感受到人性。

——C.J. 雷德瓦恩（C.J. REDWINE）[①]

这说明了悲伤的自私性，这是其本质，也是可以接受的。逝者已矣，很可能已在天堂享福。我们之所以流泪，是因为饱受思念之苦，感怀昔日之爱。因为我们是人类，我们才哭得出来。我们是留在尘世的人。

## 第六日

我想念他们，屡屡痛哭。他们去世了，我无力改变。他们离开了我，我却更爱他们。

——莫里斯·桑达克（MAURICE SENDAK）[②]

屡屡哭泣是想念逝者、对死亡无能为力的自然表

---

[①] 本段摘自 *Deception*。C.J. 雷德瓦恩，美国女作家，专注于科幻奇幻文学、青年文学写作，主要作品有 Defiance 小说三部曲和 Ravenspire 系列小说等。
[②] 莫里斯·桑达克（1928—2012），美国著名儿童文学图画书作家及插画家，曾经五度获得美国图画书最高荣誉凯迪克奖，也是第一位获得国际安徒生插画大奖的美国人，代表作《野兽国》被改编成电影《野兽冒险乐园》，其他作品有《在那遥远的地方》《午夜厨房》等。

现。许多人不懂的是，爱会愈来愈浓，不会因死亡而却步。

## 第七日

眼泪好似一条大河，你随波逐流。你的小舟搁浅在高冈或平地，在泪河的冲刷下顺流而下，扬帆流向更幸福的地方。

——克拉丽萨·品卡罗·埃斯蒂斯（CLARISSA PINKOLA ESTÉS）[①]

我经常认为眼泪是陷入困境、停滞不前的表现。但眼泪会不会同样意味着继续前行呢？我哭得越多，就前进得越快。泪水将我们带到一个更幸福的地方。这个让你更幸福的地方是什么样子的？感觉如何？这是你寻找的地方吗？

---

[①] 克拉丽萨·品卡罗·埃斯蒂斯（1945— ），美国女作家、精神分析学家，代表作《与狼共奔的女人》曾位列《纽约时报》畅销书排行榜145周之久，其他著作有 *The Faithful Gardener*、*Warming the Stone Child* 等。

## 悲伤耳语者

　　至少每周写一次"泪水日记"。入睡前请写下你多久哭一次，每次哭多长时间。如果你从未哭过，也请注明。赋予你的泪水以表达能力，写下每次哭泣时泪水在讲述什么。若是从未落泪，那就写下心里的泪水想诉说什么。现在，请躺下，闭上双眼，想象一下光线如何透过雨滴折射成绚丽彩虹。再想象一下，光线透过你流出的或者深藏心中的眼泪折射，变成一道美丽彩虹，这道彩虹承载着爱，跨越两个世界，连接着你和你的挚爱。让这种与所爱之人重新相连的感觉充满内心，在彩虹的光影中安静入睡。这就是眼泪带你去的更幸福的地方。

## 第二十八周
## 考虑自杀

  丈夫去世后,我期待他能回到我身边。他没有回来,我觉得我应该去找他,于是我想到了自杀。但我无法让他人再承受我曾承受的悲伤,不能让女儿承受母亲自杀所带来的毕生痛苦,不愿给发现尸体的人添麻烦。虽然极不情愿,我还得活下去,也必须考虑如何活下去。我人生旅程在此重启,并缘此延续至今。结束生命并不难,选择活着反而更需要勇气。我仍想追随丈夫而去,却仍在苦苦等待。过去的八年我失去得太多太多。活着是因为应该活着。活着并不总是开心,但我为当初的选择感到开心。我很快就能与丈夫重新团聚。

  如果你需要找人倾诉,请拨打全美自杀干预热线1-800-273-TALK(8255)[①]。如果你不喜欢接线人的谈话风格,那就挂断电话。该热线24小时免费开通,不同时间段有不同值班人员接听,你可以随时拨打。

---

[①] 中国免费心理援助热线号码为 010-82951332,此外各省市也开通了类似的心理危机咨询热线,如有需要可随时拨打。

## 第一日

为什么?为什么即使是真爱,遗留在世的生者也不能用自杀的方式跟随逝者离去?或者,如果彼此真心相爱,为什么我们必须得留在世上等待所爱之人复活?是不是逝者并非真的死了,而是在生者的灵魂里继续成长,等待重生?

——卡森·麦卡勒斯(CARSON MCCULLERS)[①]

所爱之人离世后,我们可能每次呼吸都吸入满满的伤痛。看来与逝者一同魂归天堂是最好的宽慰了。然而,总有理由支撑我们活下去,在某种程度上悲伤可以指引我们找到这个理由。我很信奉一句话:我们是逝者最好的传承者和缅怀者,无人可以代替。

## 第二日

自杀的念头本身就是一种极大的安慰:有了这个念头,一个人可以度过许多黑暗的夜晚。

——弗里德里希·尼采(FRIEDRICH NIETZSCHE)[②]

---

[①] 本段摘自《心是孤独的猎手》。卡森·麦卡勒斯(1917—1967),20世纪美国的著名作家之一,因为接连三次中风,29岁时瘫痪,其作品多描写孤独的人们,孤独、孤立和疏离的主题始终贯穿在她的所有作品中,并烙刻在她个人生活的各个层面,主要作品有《伤心咖啡馆之歌》《婚礼的成员》《没有指针的钟》等。
[②] 弗里德里希·尼采(1844—1900),德国著名哲学家、语言学家、文化评论家、诗人、作曲家,西方现代哲学的开创者,主要著作有《权力意志》《悲剧的诞生》《不合时宜的考察》《查拉图斯特拉如是说》《希腊悲剧时代的哲学》《论道德的谱系》等。

有自杀的念头和实施自杀区别很大。有时想一想自杀来宽慰自己,未尝不可,但同时更需要知道,这只能限于想一想。我们要坚持活下去,过好每一天,在悲伤中充实生活,我们很快就能在梦里实现与所爱之人重聚的愿望。

## 第三日

慢性自杀也是自杀。想自杀和想得开是两码事。恢复正常很难,放弃自杀的念头也很难。

——布莱思·贝尔德(BLYTHE BAIRD)[①]

悲伤历程中很重要的一点是从想自杀变为要活着,进而转变为认清自己、接受自己,无论改变多大。我认识不止一个尝试过自杀的悲伤者,他们认为幸福遥不可及。但随着时间推移,这些人又回归了正常生活。他们仍然想念所爱之人,他们的人生现在变得更深刻、更饱满、更精彩。虽然我们有时看不清前路,路依然在脚下。

## 第四日

他又冒出那个念头:今天对她的思念会不会成为

---

① 本段摘自 *Give Me a God I Can Relate to*。布莱思·贝尔德,美国女作家、诗人,主要作品有 *Girl Code 101*、*If My Body Could Speak* 等。

生命中无法承受之重。

——丹尼斯·勒翰（DENNIS LEHANE）[1]

我们十分怀念逝者，甚至有时会想，在未来某天，自己会不会被思念之苦压垮。如果那一天真正到来，我们必须尽力结束痛苦。我们也可以这样想，这一天会不会是全新的开始，我们的生活重新丰富充实，并借此让逝者的人生更有意义。

## 第五日

悲伤是一个大洞，择人而噬。悲伤之洞无处不在，饥肠辘辘。有时候你觉得生活难以为继，因为在前面等待着你的只有越来越多的绝望。

——玛丽克·尼坎普（MARIEKE NIJKAMP）[2]

带着悲伤生活需要我们每一刻都胸怀勇气。悲伤经常被比作黑洞，我们被抛入其中，无法爬出。在似乎无穷无尽的绝望之中，我们可能觉得继续下去毫无意义。然而，我们依然坚持了下来。我们要探寻内心，发现绝望之外的东西，不仅如此，还要品味我们的发

---

[1] 丹尼斯·勒翰（1964— ），美国当代著名作家，主要作品有《战前酒》《失踪的宝贝》《神秘河》（已改编为电影）等。
[2] 本段摘自 *This Is Where It Ends*。玛丽克·尼坎普（1986— ），荷兰女作家，专注于青年文学创作，主要作品有 *Before I Let Go* 等。

现。我们发现悲伤无处不在，但爱亦是如此。

## 第六日

"幸存者"这个词承载着沉重的回忆，让很多人身心俱碎。它也是一种义务，许多人尽其所能帮助那些不仅想放弃梦想，而且想放弃生命的人。

——阿布尔贾尼（ABERJHANI）[①]

回忆应该是美好的，但有时也会成为一种负担。"为什么是我们活下来了？我们是怎样活下来的？"我们想弄明白。未来已经破碎不堪，我们怎么去实现梦想呢？有一个办法是与有轻生念头的人手牵手、心连心，互相扶持。

## 第七日

我做过最勇敢的事就是在想自杀时坚持活了下来。

——朱丽叶特·刘易斯（JULIETTE LEWIS）[②]

有时我们满心要追随逝者而去，如果能鼓足勇气

---

[①] 本段摘自 Illuminated Corners。阿布尔贾尼（1957— ），美国著名历史学家、专栏作家、小说家、诗人、艺术家、编辑，主要作品有 The River of Winged Dreams、Encyclopedia of the Harlem Renaissance 等。
[②] 朱丽叶特·刘易斯（1973— ），美国著名女演员、歌手，2003 年成立摇滚乐队 Juliette and the Licks，担任主唱并负责词曲创作，主要作品有《天生杀人狂》《爱情DIY》等。

继续活下去，我们就有希望在悲伤中重塑自我、充实生活。丈夫推着我前行，我紧握他的手，因为我想让他为我骄傲。

## 悲伤耳语者

拟一份生命承诺书。开头写上"我保证能继续活 6 个月"。然后写下至少 10 个活下去的理由,其中包含你不愿他人为你而悲伤,还有你喜欢的人、宠物和物品,也可以包括你曾热爱的事情。也请写下所爱之人希望你做的事情。写下你将采取的 3 个措施,比如拨打防自杀热线,咨询心理顾问,参加冥想训练或瑜伽课程,或者徒步旅行。如果行动不便,做些简单动作即可,比如洗澡,或者上网看看漫画、有意思的图片等。

6 个月结束后,如果需要的话,可以续签承诺书,承诺人并不只有你自己,还有你爱的逝者。

## 第二十九周
## 绝望

绝望是悲伤最强大的武器之一。我们活着就有希望,悲伤却常常吞噬希望。日食不是太阳消失,而是被阴影遮挡。同样地,希望也只是为悲伤所掩翳。

### 第一日

如何将一个人拉出绝望深渊?置身于深渊之中,无踏脚之处,无着力之处,扪心自问,我独不得出,还是独我不愿出?或许就让我永远留在这黑暗之中吧。

——唐娜·韦索基(DONNA VISOCKY)[1]

绝望有时让人产生安逸的惰性。我们也许会永坠深渊,高卧长夜。我们或许会深陷绝望,处于半生半死、亦生亦死之境地。我们也可以闭上眼睛,想象怎样才能艰难地爬出深渊;有时甚至可以想象当我们做好准备时,有一个蹦床将我们弹出。

---

[1] 本段摘自 *The End of a Journey*。唐娜·韦索基,美国女作家,主要作品有 *I'll Meet You at the Base of the Mountain* 等。

## 第二日

绝望可能来源于悲伤,却也可以抵挡过度失望和心碎之危机。选择希望如同坚定地迎狂风前行而毫无畏惧,因为你相信,暴风雨总会过去。

——戴斯蒙·图图(DESMOND TUTU)[1]

如果可以安然藏身于黑暗,又有谁愿意走进呼啸的狂风和肆虐的暴雨呢?我们愿意,所以我们寻求帮助。我们是悲伤的斗士,悲伤使我们更加勇猛。纵然暴风雨百般摧残,我们也能设法重建家园。

## 第三日

她惊讶地发现,胸怀希望竟然比陷入绝望困难百倍。

——帕特里西亚·布里格斯(PATRICIA BRIGGS)[2]

希望比绝望更难还是更容易?排解悲伤,需要我们从震耳欲聋的绝望尖叫声中听到希望在耳畔轻语。

---

[1] 本段摘自 The Book of Joy: Lasting Happiness in a Changing World。戴斯蒙·图图(1931— ),南非牧师、神学家、作家,主要作品有 The Book of Forgiving、No Future Without Forgiveness 等。
[2] 本段摘自 Cry Wolf。帕特里西亚·布里格斯(1965— ),美国女作家,主要作品有 Iron Kissed、Blood Bound、Moon Called 等。

## 第四日

最悲哀的是，他们曾经拥有过想要的一切，转眼间却消散如烟，而失去的再也回不来了。哀莫过于此，这就是所谓曾经拥有却无法天长地久的悲哀。

——肯恩·格林伍德（KEN GRIMWOOD）[1]

对生者来说，知道所爱的逝者再也不能回来是最悲哀的。我们渴望他们回来，为他们祈祷，有时甚至觉得看到了他们的身影或听到了声音，认为他们回到了我们身边。幸运的是我们仍然拥有弥足珍贵的东西，不幸的是，我们每天要生活在失去所爱之人的痛苦中。

## 第五日

思念是最折磨人的，因为这种情绪一直萦绕心头，弥久不散。不管过去多久，只要一想到，你仍会感受到没有他们陪伴的痛苦。

——卡洛琳·乔治（CAROLINE GEORGE）[2]

思念是绝望的中心。令我们绝望的思念之情将永存心间，而绝大多数人都会将其视为秘密，缄口不谈。

---

[1] 本段摘自《这个男人四十三岁》（又名《倒带人生》）。肯恩·格林伍德（1944—2003），美国奇幻科幻小说大师，曾获世界奇幻文学最佳小说奖，其他著作有 Into the Deep 等。
[2] 本段摘自 The Vestige。卡洛琳·乔治，美国女作家，专注于青年文学、科幻小说写作，主要作品有 The Prime Way Program 等。

所爱之人离世给我们带来的痛苦和折磨,时间也无力缓解。我们是悲伤的战俘,努力顽强生存,甚至尽力活出精彩。

## 第六日

黄昏来临让你卸下了白日的铠甲,冲淡了每天早上睁开眼睛、重新感受到悲伤时的沉重心情。

——霍普·洁伦(HOPE JAHREN)[①]

现在,绝望已融入我的血液。白天琐事缠身,如同支架,让我撑着不倒。回到家后,孤独感再次袭来,我便想舒舒服服睡个好觉,逃离一切,不要失眠,不要做噩梦。醒来我又记起一切,收拾心情,鼓足勇气继续周而复始的一天。我的心忧伤破碎,但不想修复如初,因为破碎的心已不能完整地拼凑。但我没想到,虽然最初的几天我狼狈不堪,失望、绝望不断,后面居然还支撑得不错。

## 第七日

我记得当时在想,经历了这样的事情,是怎么坚

---

[①] 本段摘自《实验室女孩》。霍普·洁伦(1969— ),美国女科学家、作家,主要从事地球生物学、地球化学领域的研究,曾三次获富布赖特奖,《实验室女孩》为其代表作。

持活下去的呢？如果坚持下去了，那么最后会变成什么样子呢？我不知道，但在那段悲伤、痛苦、荒凉和彻底绝望的黑暗时光里，我内心某处似乎决定要继续坚持下去。

——尼尔·帕特（NEIL PEART）[①]

  我们身上激发出生命力的东西是什么？我们内心那个决心坚持下去的又是什么呢？是因为我们曾经被爱或者现在依然被爱吗？是因为不想让爱我们的人失望吗？我相信丈夫会在我最绝望的时候温柔地抱着我，我相信他会在看到我开心的时候笑逐颜开。丈夫还在世时，很欣赏我每次摔倒时都能重新站起来。现在，如果我再跌倒，依靠着丈夫对我的欣赏和深爱，我也得重新站起来。

---

[①] 本段摘自 *Ghost Rider: Travels on the Healing Road*。尼尔·帕特（1952—2020），加拿大作曲家、作家，1996年获"加拿大勋章"，曾数次荣获 Drum 年度最佳鼓手、最佳前卫摇滚鼓手，主要文学作品有 *The Masked Rider: Cycling in West Africa* 等。

## 悲伤耳语者

　　把你的绝望想象成一团黑压压的乌云，捧在手中。把你感到绝望的一切都放进云里，现在把乌云吹走。在你身上每个细胞中寻找绝望情绪，并继续将其吹进乌云。每次黑暗重新集结时，就轻轻吹口气。现在想象一下，暴风雨过后，只有一缕阳光穿透云层，会是什么样子。那一缕阳光是什么呢？是所爱之人的言语？还是这世上其他对你而言弥足珍贵的人？或者，是一幅画？是一朵鲜艳的花？当你准备好的时候，你想要多少这样的阳光，就向乌云里添加多少。好好感受一下阳光照到你身上、照进你心间时的温暖。

## 第三十周
## 希望

希望是努力渡过难关的生命力，是星光点亮黑夜。怀有希望的人，知道日出就在日落后。我们可能感觉悲伤扼杀了所有的希望，但我们总会找回希望，因为希望一直在等待我们。

### 第一日

跨越悲伤的领地，找回最初的自己，需要勇气和毅力。这是一段冒险的旅程，途中我们会走很多弯路，犯一些人人都会犯的错误。但是，这段旅程总是充满希望。

——布莱恩·巴宾顿（BRIAN BABINGTON）[1]

我们可以感受到希望一直都在。希望可能藏在某处，只有勇敢坚毅、锲而不舍的人才能找到。要学会利用语言的力量。即便是不可为之事，只要我们说出"我肯定会找到希望"，那就有可为之机。

---

[1] 本段摘自 *Bouncing Back*。布莱恩·巴宾顿，澳大利亚社会公益人士、作家、外交官，非营利组织 Families Australia 首席执行官，*Bouncing Back* 为其文学代表作。

第二日

哥哥去世的那天我的童年就结束了。我曾幼稚地希望奇迹发生，哥哥能神奇康复，因祸得福，但希望与哥哥一起化为虚无。

——达西·利奇（DARCY LEECH）[1]

我们常常感到希望随着所爱之人的离世而破灭。我们对未来的愿景也逐渐改变。我们先是希望他/她能挺住，后来希望他/她能活下去，希望他/她能死里逃生，但到最后希望还是破灭了。如果不能怀着希望祈祷，那就祈祷希望。如果不愿祈祷，那就想象希望。

第三日

刹那间，百般情绪纷至沓来，如水决堤，痛苦、气愤、悲伤、遗憾，不一而足。但惊喜的是，其中也有希望。

——杰·埃舍（JAY ASHER）[2]

处于悲伤之中，希望就如炎炎夏日里的凉爽清

---

[1] 达西·利奇（1986— ），美国女作家，专注于回忆录及非小说类作品写作，代表作为 *From My Mother*。
[2] 本段摘自《十三个理由》。杰·埃舍（1975— ），美国作家，代表作《十三个理由》曾蝉联《纽约时报》畅销书榜57周，获美国书商协会最佳图书奖等多个奖项，其他著作有 *The Future of Us* 等。

风,轻抚脸颊,在耳边低吟。爱的春风无言,默默孕育希望。

## 第四日

不要在重重包裹的黑暗里寻找阳光。让我哀悼吧!暴风雨过后,泪水流干、睁开眼睛时,我将找寻你希望的彩虹。①

——里谢尔·E.古德里奇

希望总在一定的时机闪现在我们眼前。太早的强烈的渴望会使人怀疑希望究竟是否存在。最好的办法往往是静静品味痛苦,任由眼泪流下。希望只会眷顾有准备的人,从不提前降临。

## 第五日

怀有希望的人,会相信当前的困境不是永恒的,终有一天能逃脱出去。

——米农·麦克劳克林(MIGNON MCLAUGHLIN)②

悲伤情绪可能是永恒的,但并非一成不变,既无常形,又非恒量,时而沉重,时而轻微。所爱之人刚

---

① 本段摘自 *Making Wishes*。
② 米农·麦克劳克林(1913—1983),美国记者、作家,代表作为 *Aperçus: The Aphorisms of Mignon McLaughlin*。

离世时,悲伤似乎铺天盖地。幸而我们能随着时间的推移在悲伤中恢复活力。

## 第六日

希望好似一只凤凰,于梦想的灰烬中涅槃重生。

——S.A. 萨克斯(S.A. SACHS)[1]

神话中的凤凰如何涅槃重生?我们不必深究凤凰如何涅槃,只需知道凤凰能够涅槃。所爱之人去世后,似乎所有的梦想都化为灰烬。但我却在最意想不到之处,看到了希望以最意想不到的方式重燃。

## 第七日

希望无逻辑可言,就在你认为所有希望都破灭的时候,它总是会突然出现,让你大吃一惊。希望是悲伤的近亲,两者都旷日持久:无法回避,视若无物,也无法妥协和解,只能走对每一步。[2]

——安妮·拉莫特

悲伤的强烈令人惊讶,希望的活力也不遑多让。如果说希望是悲伤的近亲,也许希望只是在

---

[1] S.A. 萨克斯(1935— ),南非社会运动领导人、法官、作家,代表作有 Soft Vengeance of a Freedom Fighter 等。
[2] 本段摘自 Plan B: Further Thoughts on Faith。

等待被邀请参加家庭聚会。困惑迷雾是悲伤的一件武器,我们停下脚步后,如何看穿迷雾,发现正确的下一步呢?或许前路已经很清晰了,只是等我们去发现。

# 悲伤耳语者

　　从工艺品商店或者网上多买点黑色弹珠或者黑色玻璃球，能装满一只碗或者罐子即可。再买一点彩色弹珠或彩色玻璃球。也可以根据自己的喜好用信仰石、许愿石或矿物石代替。

　　把黑色弹珠或黑色玻璃球装满你的容器，然后放进一颗彩色弹珠、彩色玻璃球或者小石头。闭上眼睛，把它们混在一起。现在睁开眼睛，找到那个彩色的球珠，把它拿出来，它就代表着希望，把它握在手中置于心旁。希望对你而言是种什么感觉？找寻希望对你而言又意味着什么？

　　当你准备好的时候，在黑色球珠之中放两个彩色球珠。现在，相较之前希望就好找一些了。彩色球珠的数量可以根据你自身需要而定。悲伤的黑暗可以被色彩、光明和希望冲淡。如果你愿意，可以写下这段经历。你可以随身携带代表希望的彩色球珠，这样就可以随时触摸抓握。

## 第三十一周
## 言犹未尽,事犹未竟

没有谁死得其时。我们总会想,有些话说过该多好,有些事做了该多好。尽管我们尽力而为,但随着时间流逝,我们总会发现更多想说的、想做的。悲伤的创痛之所以反复折磨我们,原因之一便是我们无法与所爱之人分享生活。唯一解决之道是所爱之人复活,但这又是我们无能为力的。

### 第一日

没来得及说的话,没来得及做的事,都化作墓前最苦涩的泪水。

——哈丽叶特·比切·斯托(HARRIET BEECHER STOWE)[①]

想起当年,我们辜负了多少好时光。我们固然有很多甜蜜时刻,但本可以拥有更多。很多时候我们在各自房间里各忙各的,觉得忙忙碌碌胜过朝朝

---

[①] 本段摘自 *Little Foxes*。哈丽叶特·比切·斯托(1811—1896),又名比切·斯托夫人,美国作家,代表作《汤姆叔叔的小屋》激励了一代人的"废奴运动",比切·斯托夫人被美国权威期刊《大西洋月刊》评为影响美国的100位人物中的第41名,其他著作还有《德雷德,阴沉的大沼泽地的故事》等。

暮暮，但如今一朝一暮都成奢求，我多么渴望时光能倒回啊！

## 第二日

过去的日子就像一幅幅定格的画面，往日我们错过太多，隐藏太多，未尽之言太多，未竟之事太多。

——安娜·昆德兰（ANNA QUINDLEN）[①]

悲伤时我们往往会回顾生活的每一刻，设想如果当时明白人生苦短，我们是否会有所不同。人们活着的时候，大多理所当然地认为未来一定会来。身边有人去世了，我们才重新审视生活的轻重缓急，却已无力改变过去。

## 第三日

两个人的关系是由无形的东西构建的，比如回忆、共同经历、希望和恐惧等。很多时候回忆是我们的精神支柱，但这段关系中无形的东西已荡然无存，即便仍然还有悬而未决的事情：还未和解的争吵、还未说出口的暖心之言、还没实现的愿望……

---

[①] 本段摘自《亲情无价》（已改编为电影上映）。安娜·昆德兰（1952— ），美国著名作家，她在《纽约时报》上的专栏文章《公众与隐私》曾获1992年普利策评论奖，主要作品有《主题课程》《有种感觉叫快乐》《黑与蓝》等。

——大卫·多萨（DAVID DOSA）[1]

没有人可以取代我们所爱之人。我们在许多方面对彼此有着独一无二的了解，有着共同的经历、共同的回忆、共同的情感，这些再也不会重来。有些事情无从解决，有些善意的想法、善意的行为也很难直接表现出来。我们不必一直把这些事情放在心头，成为我们的心痛之源。

## 第四日

我再也见不到他了，而我还有很多话没说。父母过世后，我曾发誓，要把所有想说的话都说出来，不能留遗憾。但是我还是没做到。现在，他已离我而去了。

——玛拉·麦肯泰尔（MYRA MCENTIRE）[2]

丈夫去世后，我才明白，应该在所爱之人生前把想说的都说出来。我本打算打电话给一位身患癌症的朋友，但在我打电话之前她就去世了。我唯一能做的就是在想象中勾勒出她的笑脸，告诉自己她会原谅我。她原谅我，我也就能原谅自己了。

---

[1] 本段摘自 *Making Rounds with Oscar*。大卫·多萨，美国布朗大学医学研究员、老年医学专家、作家。
[2] 玛拉·麦肯泰尔，美国女作家，专注于科幻、奇幻类小说写作，主要作品有 Hourglass 系列小说。

## 第五日

除了再也见不到所爱之人的痛苦之外,最折磨你的是有些话还没能说出口。这些话萦绕耳边,羁绊如网,发出声声讥笑,讥笑你自以为是,妄想时间是永恒的。

——凯伦·玛丽·莫宁(KAREN MARIE MONING)[1]

我想告诉你:对不起,没能更好地理解你;对不起,没有花更多的时间和你在一起。我曾以为我们会永远在一起。我知道你将不久于人世,只是没想到你会在哪一天、哪一刻离开。所以我现在还要对你说。我祈愿你还能听到我说话,让我少些遗憾。

## 第六日

你走后我有很多话要对你说,要是我能早点知道想说什么就好了。世事大抵如此。很多人告诉我"想说就说,不要憋在心里"。但我却一直不知道想说什么,等知道了却为时已晚……

——杰奎因·西蒙·冈恩(JACQUELINE SIMON GUNN)[2]

---

[1] 本段摘自 Shadow fever。凯伦·玛丽·莫宁(1964— ),美国女作家,主要作品有 Highlander 系列小说以及 Fever 系列小说。
[2] 杰奎因·西蒙·冈恩,美国女作家,专注于心理学作品、小说和非小说创作,主要有 Hudson River 和 Close Enough to Kill 两个系列作品。

我现在比你生前更了解你。在你逝世八周年纪念日那天，我看了一段你的录像。我笑了，因为这么长时间过去了，我才以一种全新的方式明白了你每天对我的好。我曾以为自己什么都对你说了。至少我确实说过最重要的一句话，那就是，我爱你。

## 第七日

抱歉，让你失望了。

我也是。

——亚瑟·华纳/简·华纳[①]

我很幸运，能在丈夫临终前陪在他身边。他是一个如孔雀般骄傲的男人。他当时看着我说："抱歉，让你失望了。"那时感觉就像一切都没发生过，我们又回到了年少时，感受纯洁之爱慢慢绽放。我也简单地回应了一句"我也是"。事实上，无论我们和他/她在一起多久，都不够久，毕竟人生有限，总有未尽之言，未竟之事。

---

① 此为作者和丈夫的对话。

## 悲伤耳语者

　　给所爱之人写封信,把你想说的都告诉他们,想写多少封就写多少封。如果你不想写信,就画出他们的脸庞,将画像摆在你面前。注视着他们的眼睛,跟他们谈谈心。把你心中的一切都告诉他们,听听他们的回应。如果你什么都没听到,就想象一下他们会说什么。

## 第三十二周

## 悔恨

我努力不悔恨往事,因为往事无法改变。但是悔恨还是在我心中萌发。我的对策是,多想曾经做过的事情,少虑未竟之事。

### 第一日

她的去世让我极度悲伤,然而,似乎很难将这种悲伤与我们亲密与否联系起来。我又突然想到,悲伤或许是悔忧参半的,悔恨的是从未拥有的东西,忧愁的是我们失去的东西。

——大卫·尼克尔斯(DAVID NICHOLLS)[①]

我们之所以悲伤,一方面是因为痛失所爱,另一方面是因为有些事还没来得及做。我们本应与其分享更多美好,为其付出更多心意,对其更好地表达爱意。亡羊犹可补牢,人去万事皆空,我们已无力补救。尤其是我们正在闹别扭,或者很久没见过面、很久没说

---

[①] 本段摘自 Us。大卫·尼克尔斯(1966— ),英国作家、剧作家,代表作《一天》已改编为电影。

过话，忽然得知斯人已逝，悔恨之意会更为深切。

## 第二日

你或许能够走出悲伤，但悔恨却是永远解不开的心结，过去种种会一直萦绕心头，让你备受折磨。

——基特·罗查（KIT ROCHA）[①]

悔恨的心结似乎永远都解不开，毕竟过往之事已成定局，无从改变。我想回到过去，改变让我悔恨的事情，可我做不到。我想继续向前走，做未来的主宰。我能够改变自己，但改变不了我与所爱的逝者之间的关系。

## 第三日

对于一位父亲而言，最大的打击莫过于痛失爱子，更崩溃的是后悔没能把所有的爱都给儿子。

——詹维尔·丘图-詹度（JANVIER CHOUTEU-CHANDO）[②]

不独父子之情，推之其他皆准。我们扪心自问，如何才能更详尽地表达我们的爱呢？为什么我们会认为其他事情比积极表达彼此的爱更重要呢？

---

[①] 基特·罗查，美国作家双人组组合名，由唐娜·赫仑（Donna Herren）和布里·布里奇斯（Bree Bridges）组成，专注于浪漫文学写作，作品曾荣登《纽约时报》《今日美国》畅销书榜，主要作品有 Beyond 系列小说。
[②] 詹维尔·丘图-詹度，喀麦隆作家，主要作品有 The Grandmothers: and Perfect Love、The Usurper: and Other Stories 等。

## 第四日

有的人外表始终如一，但安然无恙的皮囊内早已撕成碎片，血肉与骨头都化为悲伤和悔恨的白色屑末，却无人留意。

——爱利斯·霍夫曼（ALICE HOFFMAN）[1]

悔恨，就像悲伤一样，常常隐藏起来。我们向世界展现出笑脸，没有人知道我们外表下面是何种模样。

## 第五日

悲伤和伤感往往交织如一。但是，某刻你发现有些事情已不能完成，心生悔恨，此时才是真正的哀悼。

——卡梅隆·多基（CAMERON DOKEY）[2]

哀悼者一定会心生悔恨吗？也许在某段时间里确实如此。我宁愿用自我同情和充满爱的回忆来取代悔恨，当我准备好的时候我会尝试。

## 第六日

现在我终于会拼写 regret（后悔）这个词了，它的

---

[1] 爱利斯·霍夫曼（1952— ），美国著名女作家，专注于青年文学、儿童文学写作，代表作《超异能快感》（已被改编为电影上映），其他作品有 At Risk、Local Girls、Illumination Night 等。
[2] 本段摘自 Once: Before Midnight。卡梅隆·多基，美国女作家，主要作品有 Here Be Monsters、The Summoned 等。

每个字母都有自己的含义：R-raw-疼痛的，E-endless-无尽的，G-grief-悲伤，R-raining-大雨，E-eternal-永恒的，T-tears-泪水。合起来就是：无尽的痛苦、悲伤如滂沱大雨，就像永恒的泪水下个不停。

——凯伦·玛丽·莫宁

悔恨啊，悔恨，悔恨逝去的一切，悔恨于悲伤，悔恨悔恨。涕泗滂沱，泪雨不绝。

## 第七日

我们悔恨不已，未能与他们常相伴、多厮守，有时却恍惚记得某时某地曾与他们一起，但实际上并非如此。但我们慢慢亦不再选择纠正幻觉，因为我们期盼这是真的。

——达坦·奥尔巴赫（DATHAN AUERBACH）[1]

想到再也不能与深爱之人共同拥有新的回忆，我们几近崩溃。我们的世俗情缘已到尽头。有时我们会担心自己忘记一些事情，冥思苦想是否确有某事，还是臆想迷思。也许这并不重要。所谓现实，毕竟也是主观认知的。

---

[1] 达坦·奥尔巴赫，美国作家，代表作为 *Penpal*。

## 悲伤耳语者

找几张小纸片，写下你后悔没有说或没有做的事。写完后，把纸片收集起来，放到烟灰缸或火炉里烧掉。如果你不方便焚烧，就装到信封里，然后把信封扔掉。给所爱之人写封信，将所有你要说的话、要做的事告诉他们，并请求原谅。把信放在信封里，封存一段时间。如果你有更多想写的，可以再打开信封，添上你的心声。写完后，默默请求原谅自己。你或许可以在这一刻原谅自己，如果不能，就再等等。

## 第三十三周
# 前路茫茫

生命中不可或缺之人离世,我们自然感到前路茫茫,生命之路径好似被骤然挖断。我们何曾想过,有一天要直面死别。时光如同凝固一般,我们的生活突然被按下暂停键。我们要振作起来,重新寻找生命的意义。

## 第一日

他一直以为自己总会有一定的心理准备,因为她卧病在床已久。他总以为悲伤和内疚之情终会越来越抽离,越来越理智,越来越有限。

——朱利安·巴恩斯(JULIAN BARNES)[①]

无论一个人生病多久,年纪多大,我们都无法从容面对其死亡。那一刻来临时,悲伤与内疚仿佛没有尽头又难以名状,让我们惊慌失措。

---

[①] 本段摘自《亚瑟与乔治》。朱利安·巴恩斯(1946— ),英国后现代主义文学作家,2011年凭借《终结感》荣获布克奖,还曾获梅迪西文学奖(《福楼拜的鹦鹉》)及费米娜奖(《尚待商榷的爱情》),其他著作有《英格兰,英格兰》《爱,以及其他》等。

## 第二日

悲伤不是治愈之旅，而是麻木的跋涉。如果有人说它是治愈之旅，就像穿着内衣吃麦片早餐，你心想治愈之旅被我全搞砸了。但如果有人说你将开始一段麻木的跋涉，你会说："哦，这个容易，我会搞定的。"

——帕顿·奥斯瓦尔特（PATTON OSWALT）[1]

若能够直面悲伤的本性，你不会觉得总是有哪里不对。我把悲伤看作一种过程，因为的确如此。它不是所谓的治愈之旅，不像是乘坐游船，在阳光灿烂的海面兜风。如果你整日躺在床上，制订了计划但是当日又完不成，再次迷失在无法控制的感情漩涡里，那你就轻松地"搞定了"。我们无非就是随时出现在该出现的地点，做该做的事就行了，有时甚至什么也不用做。

## 第三日

简问道：失去所爱之人是什么感受？

你的灵魂也随他而去，空留躯壳在原地痴痴等待有一天跟上灵魂的步伐。

---

[1] 帕顿·奥斯瓦尔特（1969— ），美国演员、作家，曾出演《好汉两个半》《倒错人生》《摩登家庭》《废柴联盟》《神盾局特工》等影视作品角色，文学作品主要有 Zombie Spaceship Wasteland、The Ghost Box 等。

——约翰·斯卡尔齐（JOHN SCALZI）[1]

我把这一现象叫作"装饰等候室"。丈夫死后我也算死了，我的身体就是一具空壳，等待有那么一天和他一样离去。虽然悲伤，我们依然活着，而且可以活得欢乐，充满希望。我们可以坦然面对死亡，又努力过好此生。

## 第四日

失去所爱之人，我们所哀悼的不是过去，而是没有生机的明天。因为我们深知深爱我们的人离开了，我们再也不能拥有与他们共同经历的未来。

——詹姆斯·拉塞尔·林格尔菲尔特（JAMES RUSSELL LINGERFELT）[2]

我们常常感到迷茫，因为帮我们指明方向的人不在了。失去对未来的规划，我们无法想象前路该如何走下去，甚至有时不知为何要走下去。

---

[1] 本段摘自《老人的战争》。约翰·斯卡尔齐（1969— ），美国著名科幻小说作家，2008年和2011年荣获雨果奖，主要作品有《老人的战争》《星际迷航：红衫》《垂暮之战》等。
[2] 本段摘自 Alabama Irish。詹姆斯·拉塞尔·林格尔菲尔特，美国作家、制片人、经济顾问，主要文学作品有 The Mason Jar、Young Vines 等。

## 第五日

有些人在经历心灵创伤后似乎更加振作。失去所爱之人让他们更加勇敢。而我却只能昏昏沉沉地熬过一天又一天,一年又一年,对未来几乎不抱希望。

——卡特里奥娜·孟席斯-派克(CATRIONA MENZIES-PIKE)[1]

我们有很多求助的方式和对象,但往往都帮不上忙。我们好像一直头晕目眩,踉跄前行,步履难以平稳。不知道别人是真的振作起来了,还是对我隐藏了真实感受呢?

## 第六日

即便你不情愿,你的身份也已经变了。你不再是往日之你,有些朋友和你的关系也不同于从前。重新定义自己,在所爱之人去世后建立新的身份认同,是悲伤过程中常被遗忘的任务。

——路易斯·E. 拉格朗(LOUIS E. LAGRAND)[2]

生命中重要的人离世后,我们就变了。周围的人

---

[1] 本段摘自 *The Long Run*。卡特里奥娜·孟席斯-派克,澳大利亚女编辑、作家,*The Long Run* 为其代表作。
[2] 本段摘自 *Healing Grief, Finding Peace*。路易斯·E. 拉格朗(1935—2019),美国教授、悲伤心理咨询师、作家,主要作品有 *Messages and Miracles* 等。

期待我们变回以前的模样，有时却等得有点不耐烦。我们可以慢慢重塑自我，就像飓风过后重建房屋一样。但如果希望新房与以前一模一样，难免会大失所望。

"很多人都有同样的遭遇，我不是一个人"，这样想会对我有所帮助。

## 第七日

或许，那人说，你愿意和我们一起失去自我。我发现大家更愿意与他人一起失去自我。

——凯特·迪卡米洛（KATE DICAMILLO）[①]

失去所爱之人绝非好事，但失去自我或许不同。失去自我可能是一次机会，成为新我，丧爱之痛也因此无着力之处，不要独自承受这一切，你可以办一场名为"集体失去自我"的聚会，然后静观其变。

---

[①] 本段摘自《爱德华的奇妙之旅》。凯特·迪卡米洛（1964— ），美国当红儿童文学作家、美国国家青年文学大使，善于细腻的心理描写，笔下的人物真实自然，曾两度获得纽伯瑞儿童文学奖，主要作品有《傻狗温迪克》《浪漫鼠德佩罗》等。

# 悲伤耳语者

不必预先计划，或步行，或开车，或乘公共汽车，去一个你从未去过的地方（但要确保安全）。搭乘公共汽车，在任意一站下车。向前走，如果你总是习惯右转，这次就左转。你也可以驾车在你从未经过的街道行驶，看看路边有什么，路的尽头在哪里。最后，凭记忆力和方向感寻路返回，不必借助任何科技手段。如果你特别害怕迷路，那就带上导航仪或地图。迷路，可能是一场冒险。

## 第三十四周

# 来生

逝去的所爱之人都有来生。来生可能是他们的意识在以某种方式延续,也可能存在于我们不绝的述说,存在于我们仍感受到的爱里。丈夫去世后不久,快递公司一位男职员一定要帮我把箱子搬到车上。其实我与丈夫之前只是偶尔去过他店里几次。到了车旁,他对我说:"你丈夫找过我,让我务必告诉你,他爱你至深。"我笑着说:"你肯定是做梦吧。"他表情更严肃了,回答道:"不是做梦,是他的幽灵。你一定要永远记得他爱你至深。"我的双眼瞬间饱含热泪。现在我想问问:"快递公司给你寄送了什么吗?"

## 第一日

如果我先走,我会等你的,你明白吗?不管多久我都会等。我会远远遥望,确保你年年、月月、天天都幸福美满,如此,我们重聚时就有聊不完的事了。

——珍妮恩·佛斯特（JEANIENE FROST）[1]

想到以后与所爱之人团聚时，能够与他们分享种种故事，我们就充满动力。到了灵魂归天之日，如果被问起在人间有何作为，我不想说："没做啥事。"尽管我不相信丈夫在等我，但每每想到自己在做的事一定会让他骄傲，我就会充满力量。

## 第二日

看到灵车，我们想到悲伤；看到坟墓，我们想到绝望；听到讣闻，我们想到丧亡。但在天堂并不如此。无声无息的尸首在天堂意味着破茧成蝶，从此自由飞舞。

——陆可铎（MAX LUCADO）[2]

坐在失去了生命的丈夫旁边时，我才明白为什么这个空洞的"皮囊"被称为"遗体"。丈夫去世于我而言是损失，但我真心希望于他而言是收获。他的精神得多么强大，才能从自己衰老虚弱的身体中解脱出来。自由飞翔吧，亲爱的。自由飞翔吧。

---

[1] 珍妮恩·佛斯特，美国畅销书女作家，专注于浪漫文学、科幻奇幻文学写作，主要作品有 Night Huntress 和 Night Prince 系列小说。
[2] 本段摘自 Max on Life。陆可铎（1955— ），美国童书作家、牧师，主要作品有《爱你本来的样子》《你很特别系列故事绘本》《你当刚强胆壮》等。

## 第三日

那只鸟儿飞走了,现在在哪块草地上唱歌呢?

——菲利普·K.迪克(PHILIP K. DICK)[①]

有些人对来生有明确的概念,我们家人称之为"神秘的未知之地"。如果来生还有意识存在(我相信是有的),我希望所爱之人会比今生唱得更响亮。

## 第四日

我保证今世永远爱你,来世亦不离不弃,无论你去了哪里。因为我知道,你若不在,生生世世我都难以独行。

——J.A.莱德默斯基(J.A. REDMERSKI)[②]

若深爱一个人,我们常常会有异乎寻常的熟悉感,这种感觉无法用逻辑解释:初见时似曾相识,相遇后情缘深种,即便一朝死别,依然心心念念,冥冥相通。这种藕断丝连的感觉让我们深受安慰。

---

[①] 本段摘自《流吧!我的眼泪》。菲利普·K.迪克(1928—1982),美国著名科幻小说作家,代表作《高堡奇人》1963年荣获雨果奖,《流吧!我的眼泪》1975年荣获坎贝尔纪念奖,《尤比克》2005年被《时代周刊》评选为1923年以来百大最佳英语小说之一,其他著作有《瓦利斯》《心机扫描》等。
[②] 本段摘自 The Edge of Always。J.A.莱德默斯基,美国畅销书女作家,专注于当代文学、浪漫文学、悬疑小说写作,主要作品有 The Edge of Never 和 In the Company of Killers 系列小说。

## 第五日

　　我可以想象,逝者如果知道生者仍深爱着、想念着自己会多么幸福。有时,我相信爱出者爱返,他们也在爱着我。

　　——克莱尔·比德维尔·史密斯(CLAIRE BIDWELL SMITH)[1]

　　去世后,爱还是永恒的圆吗?我希望所爱之人知道我有多爱他们,有多想念他们。静下心来,我能感觉到他们也在爱着我。当我停在永恒之爱的圆心时,悲伤就会平息。

## 第六日

　　我们心中充满伤悲,知道再也不能相见了;我想,我再也见不到卡尔了。但我们在宇宙中找到了彼此,我看到了他,他也看到了我,真是奇迹。

　　——安·德鲁扬(ANN DRUYAN)[2]

　　并非必须相信来世才能找到爱的安慰。所爱之人永远活在我们心中,活在我们的记忆里。卡尔·萨根(Carl Sagan)和安·德鲁扬不相信他们死后还会相

---

[1] 本段摘自 After This: When Life Is Over, Where Do We Go? 。克莱尔·比德维尔·史密斯,美国女作家、演说家、悲伤心理咨询师,主要作品有 The Rules of Inheritance 等。
[2] 安·德鲁扬(1949— ),美国女作家、制片人、导演,主要作品有《宇宙:穿越时空的冒险》《心是一架鼓》《超时空接触》等。

见，但他们心中仍然记着那些在此生一同度过的欢乐时光，倍感幸福。

## 第七日

她痛失了那个给她温暖、爱得深沉的人，深陷悲伤和哀悼之中，透过前方巨大的黑影，她看到了另一个太阳散发着更温和的微光，嗅到了世界尽头花园里香草的芬芳。

——西格里德·温塞特（SIGRID UNDSET）[1]

今世与来生的生活之间有一层隔膜，有时隔膜变薄，我们就会感觉温暖和甜蜜。是什么连接今世和来生呢？是爱。

---

[1] 本段摘自《新娘·女主人·十字架》。西格里德·温塞特（1882—1949），挪威著名女作家，1928年荣获诺贝尔文学奖，最著名的作品是描述中世纪斯堪的纳维亚生活的现代主义长篇小说《新娘·女主人·十字架》三部曲，其他著作有 Gunnar's Daughter 以及 The Master of Hestviken 系列小说等。

## 悲伤耳语者

让逝去的所爱之人聚到你身旁，向你讲述他们现在在何处、在做何事。问几个问题，看他们是否会回答。如果你听不到或看不到，就想象一下。你可以闭上眼睛，把这次想象的过程当作安静的冥想。你可以把想象的内容写成诗文或故事，也可以画一些插图。如果你觉得与逝者交谈是不可能或不明智的事，那就让他们聚在你的记忆中，与他们分享他们在世时你深深感激的时刻。在向他们讲这些故事时，他们的形象是不是又在你的心中鲜活起来？感受一下吧。

## 第三十五周
## 爱

无论用多么强烈、多么诗意的词语定义爱都是苍白无力的。我们心里知道爱是何种模样,以后又会是什么样子。若有人也爱着我们,便创造了一个爱的无限闭环,成为我们生命中最珍贵的东西之一,我们获其恩泽、受其庇佑。我相信爱能战胜死亡、超越死亡。如果你相信有来生,爱就会成为生生不灭的圆。如果不相信,这份爱依然会变成强烈的感觉存留在你的心底、脑海和灵魂。

### 第一日

悲伤纵然宽广如海,也大不过爱的天空。悲伤是因为你真正爱过,爱之美好胜于死之苦涩。认识到这一点虽不能帮你逃脱苦难,但会支撑着你活下去。①

——谢丽尔·史翠德

接纳悲伤的同时也要记住爱。悲伤把我们撕成碎

---
① 本段摘自 *Tiny Beautiful Things*。

片，爱则是黏合剂，让我们重归完整。某些时候，爱会让悲伤鼓舞你继续前行，而非一蹶不振。退而言之，爱至少可以给你力量，支撑你活过下一分钟、下一小时、下一天。

第二日

我认为，悲伤不是为爱付出的代价，而是爱的一部分。死亡来临时，我认为可以用以往体验欢乐的方式去经历悲伤。细细品味悲伤，我们就会发现悲伤和欢乐并非毫不相干，两者皆源于爱。

——巴里·格雷厄姆（BARRY GRAHAM）[1]

数载之后，我才意识到悲伤也是欢乐，因为悲伤也是爱的结果。假设我没有因为丈夫去世而悲伤，那岂不是更悲哀？如果能发现悲伤蕴涵的爱，我们就能慢慢地从悲伤中找到欢乐——由爱而生的欢乐。

第三日

即便你满心伤感，也不要忘记，悲伤并不意味着没有爱；相反，悲伤是爱依然存在的证明。

---

[1] 巴里·格雷厄姆，英国作家、诗人、记者，主要作品有 The Book of Man、Why I Watch People Die 等。

——泰莎·谢弗（TESSA SHAFFER）[1]

悲伤将我们心心念念的一切都掏空了，但空虚会不会其实也是一种充实呢？掏空的心洞里，是不是又充满了爱呢？爱不会消除思念的伤痛，但会帮我们用不同的方式去把握思念的度。

## 第四日

我们可能会埋葬他们的遗体，抛撒他们的骨灰，但他们的灵魂自由无限，不会被一同埋入坟墓。与其恪守仪式埋葬逝者，为什么不拥抱他们的灵魂呢？我们会与世长辞，但爱长生不死。

——艾普利尔·斯劳特尔（APRIL SLAUGHTER）[2]

为了治疗悲伤或力求释怀，有人认为我们必须忘掉深爱的逝者，如果念念不忘，就会受到诸如"活在过去"或"裹足不前"的责备，这是一种错误的观念。过去是现在的参照，健忘的人才会忘记过去。不去铭记那段让我们的人生得以完整的爱是愚蠢的。如果你愿意，你与所爱之人的联系可以跨越生死。

---

[1] 本段摘自 *Heaven Has No Regrets*。泰莎·谢弗，美国青年文学女作家，专注于青年文学写作；主要作品有 *The Universe Has No Regrets*、*Time Has No Regrets* 等。
[2] 本段摘自 *Reaching Beyond the Veil*。艾普利尔·斯劳特尔，美国女作家、艺术家，主要作品有 *Ghosthunting Texas*、*Disconnected From Death* 等。

第五日

你爱的人,他/她会一直等你。爱超越一切,死亡也无法割断。

——阿曼达·M.李(AMANDA M. LEE)①

我相信我爱的人在等我,即便没有,我也依然相信我们的爱是超然的。我们看不见电流,但可以用电流发光。我们看不见爱,但如果相信爱的存在,就可以用爱来点燃灵魂的灯芯。

第六日

我相信想象力比满腹经纶更具创造力,神话传说比历史传记更具说服力,胸怀梦想比认清现实更催人奋进,斗志昂扬比见多识广更勇往直前,笑声是疗愈悲伤的唯一良方。我还相信,爱比死亡更强大。

——罗伯特·富尔格姆(ROBERT FULGHUM)②

爱的确比死亡强大。正如我们锻炼肌肉使身体强壮一样,我们也可以锻炼与爱有关的情感肌肉、回忆肌肉来使精神强大。

---

① 阿曼达·M.李,美国女作家、记者,主要作品有 Wicked Witches of the Midwest 系列小说。
② 本段摘自《受用一生的信条》。罗伯特·富尔格姆(1937— ),美国作家、哲学家,主要作品有《我需要知道的一切》《我一躺倒,身下就起火》等。

## 第七日

尽管所爱之人会离去,但爱不会。死亡无法支配一切。

——狄兰·托马斯(DYLAN THOMAS)[1]

我对很多事情都持怀疑态度,但我坚信爱能超越死亡、战胜死亡。死神可以带走生命,但无法战胜爱的力量。

---

[1] 狄兰·托马斯(1914—1953),英国诗人、作家,主要作品有《死亡与出场》《不要温和地走进那个良夜》《当我天生的五官都能看见》等。

悲伤耳语者

---

买一沓便利贴。早上醒来及晚上入睡前,写一件你与逝者爱的往事。可以是你们一起做过的事情,比如"我喜欢那时候我们一起嘲笑蹩脚的双关语"这样具体的小事;也可以是一种感觉,比如,"我爱你"。你可以把便利贴夹到日记里,或者贴在浴室镜子上、冰箱上、墙上、车里,贴在哪里都行,这样你的生活环境中就会充满爱的提醒。

第三十六周

# 悲伤者的疯狂

所爱之人离世后,我们会做些别人看起来很疯狂的事情,有时甚至自己也觉得疯狂。这是因为我们想要保持与所爱之人的联系,并给自己小小的安慰。不管你在做什么,如果没有损人害己,那就没问题,继续做吧,我向你保证,有很多人也在做同样的事情。

## 第一日

穿上她的衣服,我觉得更有安全感了,就像她在我耳边低语。①

——珍迪·尼尔森

我仍然穿着丈夫的衬衫睡觉。衬衫已经洗过很多次了,上面早就没有丈夫的 DNA 成分,但我仍然穿着。我还经常穿他的一件夹克,感觉像依偎在他的怀里。有时觉得自己有点傻,但我并不是傻。这很正常,因为我还在悲伤之中。

---

① 本段摘自《天空之下》。

第二日

我决不会把这些小物件扔掉。我永远不会不想要它们,卡尔所有的小物件让我感受到生命的美好。

——凯丝·克劳利(CATH CROWLEY)[1]

悲伤者通常很难决定是否该扔掉逝者的遗物,如果要扔,也是在适当的时候扔掉。有些人永远保留着所有遗物,毕竟它们是所爱之人生活的一部分,因此也是他们的一部分。我的新住处没有地方安置丈夫的鼓,所以我就把它送给了丈夫的一个好朋友。有时候,我会对那位朋友说:"帮我敲敲那面鼓!"

第三日

我从儿子房间的洗衣篮里拿出了一件没洗的黑色运动衫,用力嗅他的味道,感受爱子的气息。我使劲吸了一大口气,想把他的一切永久地转移到我的大脑,让他得以永生。

——雪莱·拉姆齐(SHELLEY RAMSEY)[2]

我们希望能置身于所爱之人的气味中,也许这就

---

[1] 凯丝·克劳利(1971— ),澳大利亚女作家,专注于青年文学、浪漫文学写作,主要作品有 Words in Deep Blue、Graffiti Moon 等。
[2] 本段摘自 Grief: A Mama's Unwanted Journey。雪莱·拉姆齐,女作家,2002年在一次车祸中痛失长子,后于2013年出版回忆录 Grief: A Mama's Unwanted Journey,记录了自己疗愈悲伤的心路旅程。

是我们不愿意清洗他们衣物的原因。他们的气味最终还是消失了——要是能留住该多好啊。

## 第四日

在他去世后的第一年里,她曾疯狂地拨打他的电话,只为了听一听他在留言服务中录下的声音。后来她竭力控制自己,不再去拨打丈夫的电话。然而今天,在他的逝世周年纪念日,她忍不住再次拨打了那个号码。

——乔乔·莫伊斯(JOJO MOYES)[①]

不知道有多少人在所爱之人去世后给他们打过电话或发过短信?丈夫刚去世后,我查看了他的语音信箱,看看是不是忘记了通知哪个朋友。有一天,我在里面听到有个女人在啜泣,我很好奇,这是谁呢?没错,就是我。前几年,我常给丈夫语音留言。我知道他已经听不到这些话了,但我还是给他留言,因为这样他就离开得没那么彻底。在周年纪念日或者其他刻骨铭心的日子里,重复以往做过的悲伤行为是很常见的。

---

[①] 乔乔·莫伊斯(1969— ),英国女作家、剧作家、记者,其作品已被译为32种语言在全球出版发行,曾两度获得浪漫小说家协会评选的年度浪漫小说奖,被誉为继J.K.罗琳之后的现象级女作家,主要作品有《外来的水果》《最后一封情书》《我就要你好好的》《永不言弃》《一加一》等。

## 第五日

有些女人会去她们丈夫的墓地和他们聊天,特别是在周年纪念日。我不会嘲笑她们。从哲学角度讲,我很难判断她聊天对象的本体①,但也没关系,这不是重点。这是关乎人之为人的问题。②

——卡尔·萨根

著名科学家、无神论者卡尔·萨根认为,人死不复存,无法与其交谈。但他仍然对生者想要继续与深爱的逝者交流抱有同情心,毕竟这是人之常情。

## 第六日

即使某人去世了,我们有时还是想给他们寄明信片。

——桑沃尔夫(SUNWOLF)③

有时,我们会给深爱的逝者寄一张明信片,写一封信,或者放飞气球。无论通过何种方式,我们都想与他们一直保持联系,这种愿望不会随他们离世而终止。一种常见的明信片写法表达出了我们最强烈的愿

---

① 本体论是对概念化的精确描述,用于描述事物的本质。
② 本段摘自《魔鬼出没的世界》。
③ 桑沃尔夫,博士,美国圣塔克拉拉大学艺术与科学学院教授,主要研究领域为法律、儿童孤僻症、社会交际等。

望:"希望你还在这儿。"

## 第七日

> 我是一个身高5英尺2英寸(约1.57米)的女人,却根本不愿丢掉衣柜里那件6英尺1英寸(约1.85米)的男式粗花呢西装,那大约是1950年买的。幸运的是,对于悲伤者而言,疯狂是一种新常态。
>
> ——埃莉诺·海莉(ELEANOR HALEY)[①]

如果我们认可自己的行为差异并愿意自由表达,疯狂算是正常现象。悲伤者的"疯狂"之举并非病态,而是现在的我们理所当然的行为。

---

[①] 埃莉诺·海莉,美国女作家,What's Your Grief 网站创始人,该网站提供悲伤疗愈课程,组织悲伤者集体活动等。

## 悲伤耳语者

你有没有想做但因为觉得太疯狂而没做的事？想给逝去的所爱之人买件礼物吗？想给他们打个电话吗？或者想穿他们的衣服吗？这些你都可以做，或者想象一下也行。用几句话描述一下你的感觉。

你有没有正在做但想停下来的事情？那就停下来，愿意停多久就停多久。用几句话描述一下你的感觉。

如果你决定把逝者遗物送人，但不知道以后该怎么办，那就送给朋友或放到以后方便取回的地方。你可以保留所有的遗物，也可以随时丢掉不想留的东西。

继续做你允许自己做的、能够带来安慰的疯狂之事，停掉不再需要的疯狂之举，就这么简单。

第三十七周

# 特殊的日子：纪念日、生日、节日

记得他/她在世时，每逢佳节或纪念日，我们一起庆祝，喜乐祥和，而今这些日子徒增悲伤。别人都欢天喜地，商店里洋溢着快乐的气氛，邮箱里也满是祝福的邮件，唯独我们黯然神伤、恼怒不已。日历上又多了一个特殊的日子：他/她的逝世周年纪念日。时至今日，在有些节日我已经可以调动以往欢快的情绪，但不能保证所有的节日都能如此。

第一日

没有团聚，何来欢庆团聚呢？你若失去了某位特别的人，你的世界也就失去了欢庆的本源意义。节日只会放大丧爱之痛，伤感愈演愈烈，孤独愈来愈深。[1]

——伊丽莎白·库伯勒-罗斯

对我们而言，节日可能会失去欢乐的色彩，加重失落与痛苦。坐在节日餐桌前，我们注意到的可能只是所爱之人的缺席。放眼望去，别人都携手同行，只

---

[1] 本段摘自《当绿叶缓缓落下：与生死学大师的最后对话》。

有我们身边空空如也，于是愈发悲伤、倍感孤独。

第二日

他们会问，你还好吗？明天就是我父亲逝世一周年的日子，人死不能复生，我心之悲何能复喜？所以我一点也不好。

——洛拉·圣·维尔（LOLA ST. VIL）①

不好，我一点也不好，但这也没关系。可以这么说，因为所爱之人去世了，并且一去不复返，所以好不好之类的问题就不适合问我们了。别人问这个问题是为了宽心，有时我们就撒点谎让他们宽心。

第三日

他去世后，我经历了很多第一个（次）：第一个复活节，第一个生日，第一次去IHOP餐厅②用餐，第一次看费城人队的比赛……而且以后还有更多的第一次在没有他的未来等着我。想到这儿，我有点害怕往后余生了。

——杰里·史密斯·里德（JERI SMITH-READY）③

---

① 洛拉·圣·维尔，美国女作家，专注于青年文学、科幻文学和浪漫文学写作，主要作品有 Guardians 和 The Noru 系列小说。
② 全称 International House of Pancakes，美国著名连锁餐厅，以薄烤饼闻名。
③ 杰里·史密斯·里德，美国女作家，专注于青年文学、科幻奇幻文学写作，主要作品有 Shade 和 WVMP Radio 系列小说。

有些人说悲伤情绪不会随着时间推移逐渐缓和，而是会愈加强烈。我们必须熬过无数个第一次、第二次、第三次乃至第 n 次，这会让我们对余生抱有恐惧。这时可以回想一下他们的爱，也许就可以在恐惧的时光间隙里找到美好和温馨。

## 第四日

大家欢聚一堂，欢声笑语，我却低下头、扭过脸，泪水顺着脸颊流淌下来。我只记得我是多么深爱你，多么想念你。

——乔安妮·卡琪娅托尔（JOANNE CACCIATORE）[①]

置身于快乐气氛之中，欢声笑语对悲伤者而言可能是一种痛苦。别人在笑，自己在哭，这会有点奇怪。若有人既能陪我们欢笑，又可以理解我们的泪水，那算是一种幸运。

## 第五日

无论是在睡梦中，还是清醒时；无论是他生日当天，还是其他日子里，我都活在他去世的阴影之中。

---

[①] 乔安妮·卡琪娅托尔，博士，美国亚利桑那州立大学教授，研究方向为儿童死亡、悲伤心理疏导。

——琴·赫格兰（JEAN HEGLAND）[1]

不管做什么，我都笼罩在丈夫去世的阴影中。然而，我与丈夫的爱情，我们相濡以沫的过往，也在庇佑着我的人生。庇佑可以消除那些阴影吗？很多时候确实可以。我必须小心留意这份庇佑，并在心中牢牢守护。

第六日

日历上的时间不再以月或季节为单位，而是根据那些具有特殊意义的日期来衡量。那些日期记录着我们的初见、初吻，第一次与他的家人共进晚餐，还有他的逝世纪念日、葬礼举办日……

——克里斯坦·希金斯（KRISTAN HIGGINS）[2]

8年后，我忘记了丈夫去世的日期，有次填表时错将7月17日填成了7月13日。我把这种现象理解为一种不寻常的疗愈。每当到了5月、6月、7月，我就莫名伤感、压抑或者困惑。然后我就想起来，原来到了丈夫临终的那几个月。我们若淡忘了日期，身

---

[1] 琴·赫格兰（1956— ），美国女作家，主要作品有 Into the Forest、Still Time 等。
[2] 本段摘自 On Second Thought。克里斯坦·希金斯（1965— ），美国女作家，专注于幽默类浪漫文学写作，主要作品有 The Best Man、Too Good to Be True 等。

体就会提醒我们。然而，那些纪念日在日历里平淡无奇。我们会铭记那些具有特殊意义的日期，但我们也会回归到平淡无奇的日子。

## 第七日

他们用一顿丰盛的晚餐来结束节日的欢聚，桌上摆着火鸡、蛋酒，还有一些别出心裁的礼物，一片欢声笑语。但快要结束时，餐桌上总会少一些人。你要么就坐在空椅子上与他们一同欢笑，要么就一个人离席。我宁愿选择留在席间与他们一同欢笑。

——朱莉·布克斯鲍姆（JULIE BUXBAUM）[①]

时间在流逝，情况也在改变。我曾经喜欢一个人待在家里，现在我合群了。我的生日也是我与丈夫的结婚纪念日。有一回生日，女儿给我唱了"祝你生日不快乐"，逗得我哈哈大笑，此后也愿意过生日了。生日的第二天我总会腾出时间独处，以防自己在孤独感的重压下崩溃。但愿悲伤能创造一个空间，让我们随着自己的改变调整相应的需求。

## 第三十八周

---

[①] 本段摘自《爱的背面》。朱莉·布克斯鲍姆（1978—  ），美国女律师、作家，其处女作、代表作《爱的背面》被改编为电影，其他著作有 *After You*、*Don't Stop Now* 等。

# 悲伤耳语者

挑一个节日写点东西。在开头写一句："今天我该怎样缅怀你？"在所爱之人还活着的时候，这一天你们都会做些什么？你是否还保留着你们共同制定的节日传统或者家族世代传承的习俗？现在你要独自度过这个节日，是何种感受？请写下来。

请写下一种庆祝节日的方式。你会制定新的节日传统吗？你会继续传承已有的传统，还是会修改，或者完全改变？节日当天，你可能会向遭遇不幸的人伸出援手，也可能将节日的主人公换成别人，比如，如今丈夫不在了，我就和外孙女一同过情人节。你也可能花一天的时间阅读他们写的东西，或者给他们写信，或者写下有关他们的回忆。如果你想不出任何想做的事情，那就只写几句留言，比如：我爱你，我想你。你永远在我心中。然后根据自己的情况等一段时间，再想一想有没有想说的、想做的。

# 身体症状

悲伤不是疾病,但能诱发疾病。医学研究证实,因悲伤增加的心理压力会导致很多健康问题,包括抑郁、恐慌等情绪反应,以及身体不良状况,如全身肌肉疼痛、流感类症状甚至更严重的疾病。尤其疏于照顾自己的时候,更应注意身体的健康情况。

## 第一日

失去所爱之人的痛苦很难用言语表达。我们大脑中处理身体疼痛的部位,恰巧与记录社交关系破裂、被人拒绝的神经中枢重叠。

——丹尼尔·J. 西格尔(DANIEL J. SIEGEL)[1]

所爱之人离世,我们身心经历的痛苦是难以想象的。我们绝不能轻视这些痛苦,必须照顾好自己。于我而言,照顾好自己一开始只是意味着活下去,然后就变成了找到能够理解并且支持我的人。每个人都要

---

[1] 本段摘自 *Mindsight: The New Science of Personal Transformation*。丹尼尔·J. 西格尔(1957— ),美国著名心理学家、作家,加州大学洛杉矶分校精神病学教授,主要作品有《全脑教养法:拓展儿童思维的12项革命性策略》、*No Drama Discipline* 等。

找到最合适的方式照顾自己。

第二日

从来没人告诉我"伤心"到底是如何伤害心脏的，我觉得心率都和以前不一样了。也从来没人告诉我悲伤的感觉就像一只湿袜子塞在嘴里。我急促地吸了一口气，觉得每一次呼吸都胸闷气短。

——莎拉·诺夫克（SARAH NOFFKE）[1]

有些人会感到恐慌或呼吸急促，呼吸频率变缓，有时还会感觉心律不齐。悲伤情绪释放的压力荷尔蒙会导致心脏病。悲伤情绪造成的巨大创伤对于身体的伤害和心理的影响正引起人们的广泛关注。

第三日

研究人员发现，悲伤、痛苦、恐惧、担忧和愤怒会诱使大脑释放一种叫作神经肽的化学物质。一旦出现这种情况，有害微生物或癌细胞就有可能侵入人体各种组织。

---

[1] 本段摘自 Awoken。莎拉·诺夫克，美国女作家，专注于青年文学、科幻奇幻文学写作，主要作品有 The Exceptional S. Beaufont Book 以及 Unstoppable Liv Beaufont 系列小说。

——卡斯·英格拉姆（CASS INGRAM）[1]

悲伤情绪释放的化学物质会削弱免疫系统功能。我们不一定非要深究免疫系统到底是如何被损害的，但应该积极强化自身免疫系统，这样我们才有能量成为与悲伤奋力抗争的勇士。

## 第四日

你母亲死于一种叫作"心碎综合征"[2]的疾病。她无法忍受没有你父亲的生活。我尽了最大的努力，但是回天乏术。

——杰米·斯科夫曼（JAMIE SCHOFFMAN）[3]

既然心碎综合征确实存在，我不清楚为什么它没有置我于死地。许多人认为他们的心脏因悲伤而受损，许多案例也证明了这一点。有些人在所爱之人去世后不久也撒手人寰。我的心情很复杂。我既想和丈夫永远不分开，但又觉得如果我也在2009年去世，会错过太多太多。

---

[1] 本段摘自 *Eat Right or Die Young*。卡斯·英格拉姆，美国著名营养理疗师、作家，截至目前已参与5000余个电视及广播访谈，主要作品有 *The Body Shape Diet*、*The Cure Is in the Cupboard* 等。
[2] 心碎综合征，又称应激性心肌病、左心室心尖球囊综合征，其主要特征为可逆的左心室室壁运动异常而无冠状动脉的异常。
[3] 杰米·斯科夫曼，美国作家、商人，作品主要有回忆录、小说等，包括 *Not All Out of Love*、*All This Happened*、*More or Less* 等。

## 第五日

人生有限，只能承受一定限度的压力、损失和悲剧。焦虑和恐慌发作很常见。焦虑是我们悲伤的自然表现。①

——加里·罗

焦虑和恐慌有专治药物，但冥想和其他疗法也是有帮助的。如果寻求专业医师帮助，最好咨询一个不把悲伤视作疾病的医师，不然会增加你的压力。悲伤是正常的过程，只是这个过程有时会引发焦虑或疾病。我们需要的是理解，而不是指责或批评。

## 第六日

悲伤常常会引起内分泌系统、免疫系统、自主神经系统和心血管系统发生变化；这些系统从根本上都受到大脑功能和神经递质的影响。

——琼·狄迪恩（JOAN DIDION）②

谈到悲伤的损害，我们指的是身体上和精神上经受的实际损伤。因为所有这些系统都受到大脑功能和

---
① 本段摘自加里·罗个人网站 Garyroe.com 网页文章 "Grief, Anxiety, and Panic Attacks。"
② 本段摘自《奇想之年》。琼·狄迪恩（1934— ），美国女作家，2005年获美国国家图书奖，获普利策奖提名，主要作品有《蓝夜》《奇想之年》等。

神经递质的影响，所以排解悲伤的过程中，可以通过调整自己的所思所想来改变所感所受。

## 第七日

如果说一个人给他人带去健康和安慰，尤其是减轻和缓和他人的悲伤，是人性的一种体现，那么，为什么不可以说，世间纷扰也能刺激每个人以相同方式对待自己呢？

——托马斯·莫尔（THOMAS MORE）[①]

我们必须学会悉心关怀自己，正如关心别人、照顾宠物一样。生活中我们是不是可以通过一些小调整来改善自己的健康状况呢？是不是也能做出一些大的改变呢？我们可以去健身房挥汗如雨，或者跑马拉松挑战自己。我们必须照顾好身体，同时也要呵护心理健康。悉心关怀自己能够增加快乐欢愉的可能性，有时甚至出乎我们意料，这是我们悲伤之旅的一部分。

---

[①] 托马斯·莫尔（1478—1535），英国哲学家、作家，欧洲早期空想社会主义学说的创始人，才华横溢的人文主义学者和阅历丰富的政治家，以其名著《乌托邦》而名垂史册。

## 悲伤耳语者

如果身体持续出现症状,请去看医生,最好是能够理解悲伤的医生。制作一张医疗健康清单。借鉴西医以及其他各门类医学,做一些可以增强体力、强化免疫系统以及减轻压力的事情。清单上可以包括瑜伽、针灸、体检、游泳、跳舞、冥想、催眠术和服用维生素等,可以是你以前做过的或者想要尝试的事情。现在,从清单上挑选一件事情,将其当作一次实验,看看是否会改善健康状况。然后再尝试清单上其他的事情。所爱之人会怎样照顾你,你就慢慢学着怎样照顾自己。去看悲伤心理咨询师也会有所帮助。

## 第三十九周

## 灵迹

许多悲伤者相信看到过逝者的灵迹。也有很多人虽然心心念念,却终是可遇而不可求。还有人认为相信逝者显灵是愚蠢的。有些东西我们看不见是因为时间、地点、角度不对,还是根本就不存在呢?丈夫第一个生忌时,我买了一个带蜡烛的纸杯蛋糕。和我希望的不同,他的灵魂没有吹灭蜡烛。然后我随意翻开了一本书,里面夹了一张他写的纸条,上面写着:"我爱你。希望你一直有安全感,不然我会伤心的。爱你。"这是巧合所致还是灵迹?或者,既是巧合,又是灵迹?

### 第一日

那天起,岁月中,我仍然伴你左右。你洗澡的时候,我可能会在镜子的雾气上写字;你在花园徜徉时,我可能会拨动苹果树的叶子。我也可能会进入你的梦乡。

——杰妮·唐纳姆（JENNY DOWNHAM）①

注意多观察。如果你不相信灵迹，你就看不到。如果你相信，但没有注意，也可能错过。今天你有没有注意到所爱之人的灵迹？

## 第二日

如果丈夫生前信奉天主教，在他逝世周年纪念日那天，你碰巧走到他的墓碑前，发现一只红雀（cardinal）②站在上面，你可以把这种事看作灵迹。

——埃本·亚历山大（EBEN ALEXANDER）③

许多人认为红雀是一种逝者灵迹，蓝鸲（蓝知更鸟）也是。我们家附近有一只红雀，我们叫她丽塔（名字来自著名演员丽塔·海华丝④）。我有时会想丽塔是不是到老房子里找过我。总而言之，只要是我们想

---

① 本段摘自《我死之前》。杰妮·唐纳姆（1964— ），英国女作家，代表作《我死之前》已被改编为电影《活在当下》，其他著作有 You Against Me、Unbecoming。
② Cardinal 在英文中既有"红雀"之意，也指天主教的"红衣主教"，即"枢机主教"。此种鸟在英语文化中常与已逝的男性亲友相关，下文提到的蓝鸲则往往与女性亲友相关。这种象征意义与中国文化中某些文学作品中将牛、蝴蝶等动物视为逝者转生或显灵有一定类似。
③ 本段摘自 The Map of Heaven。埃本·亚历山大（1953— ），美国知名神经外科医生、作家，代表作《天堂的证据》曾位列《纽约时报》畅销书榜单97周，其他著作有 Living in a Mindful Universe。
④ 丽塔·海华丝（Rita Hayworth, 1918—1987），出生于美国纽约布鲁克林，美籍西班牙裔舞者、影视演员，十大好莱坞璀璨女星之一。代表作有《吉尔达》《封面女郎》。

要的、能带来安慰或丰富我们生活的事情，我们就可以将其解读为一种灵迹。

## 第三日

所爱之人去了彼岸，他们很想告诉我们他们过得很好，让我们知道他们了解我们如今的生活。如果我们感觉不到他们在身边，他们时常会显灵，通过一些常见的东西引起我们的注意，如羽毛、硬币或道路上的小石头，这些东西在他们眼里是有特殊意义的。

——卡伦·诺伊（KAREN NOE）[1]

羽毛、硬币、石头都是灵迹吗？有一次，我问一位宗教人士，所爱之人是否还关心我。他说，是的。有时我拿不准某事是不是灵迹，很多人告诉我绝对是。所爱之人坚持不渝，如果我们没注意到他们的灵迹，他们就会不断尝试。

## 第四日

香味可能是意识到逝去的亲朋好友回到身边最有力的证明之一。有人经常宣称自己闻到了逝者的香水味或者古龙水香味，还有些人说他们仍然能闻到逝者

---

[1] 卡伦·诺伊，美国女作家、心理咨询师，主要作品有 *Your Life After Their Death* 等。

独特的气味。

——菲尔·穆茨（PHIL MUTZ）[1]

有一些特殊气味与所爱之人紧密相关。有些人感觉这些气味弥久不散，远远超过了它们自然存留在空气中的时长。比起嗅觉，我更常用听觉和触觉感知事物。我想知道，出现在眼前的灵迹，真的是逝者意念所致，还是仅仅是我们个人的解读而已？

## 第五日

全美各地宣称自己曾与逝者接触过的人占比为42%~72%。但可悲的是，其中有75%的人报告说，由于担心遭到嘲笑，他们没有向任何人提起这回事。很难相信，占人口比例如此巨大的群体，也会受社会观念影响三缄其口，对共有的经历避而不谈。

——茱莉亚·阿桑特（JULIA ASSANTE）[2]

我很惊讶竟然有这么多人说自己与逝者有过接触。如果我们能更多地关注和探讨这个现象，也许人们就会更放心地分享自己的经历。我有时会认为和

---

[1] 本段摘自 Littlething.com 网页文章 "9 Signs That a Deceased Loved One May Still Be Nearby"。菲尔·穆茨，美国制片人、演员、编辑，主要从事网络文章写作。
[2] 本段摘自 *The Last Frontier*。茱莉亚·阿桑特，美国女作家、学者、理疗师，现已从事来世方面的研究逾40年，*The Last Frontier* 为其代表作，旨在介绍来世生活，向人们灌输来世意识，降低人们对于死亡的恐惧。

逝去的丈夫接触不切实际，就算有也只是一厢情愿，但刚刚碰到的人告诉我说看到了丈夫和我在一起，也有些从未见过丈夫的朋友告诉我说丈夫与他们有过接触，这让我不得不认真对待这种现象。还有一位开始做冥想练习的朋友说，他听到了我丈夫鼓励他的声音。

## 第六日

不管出现何种灵迹，都会立刻与我们的回忆产生联系，或者在其间架一座桥梁。可能是某些日期、某段时间、某些地点，或者是能让你立即回忆起与所爱之人过往经历的东西。

——布莱尔·罗伯特森（BLAIR ROBERTSON）[①]

所爱之人有多个，灵迹就会有多种。所爱之人以其特有的灵迹，让你通过触觉、视觉、听觉、嗅觉等方式感受到他们，你觉得呢？

## 第七日

悲伤带来了巨大的痛苦，但同时也告诉我们，痛苦并不意味着爱的缺失，而是爱的延续。绚丽的爱之纽带在此生将我们与所爱之人联系在一起，也会一直

---

[①] 布莱尔·罗伯特森（1966— ），加拿大作家、心理咨询师，主要作品均与来世、通灵相关，著有 3 Easy Steps Psychic 系列书籍。

延续到来生。当我们因为失去所爱之人而承受难以忍受的痛苦时,就像是在牵引爱的纽带。纽带并非虚无之物,故而疼痛真实存在。

——劳拉·琳妮·杰克逊(LAURA LYNNE JACKSON)①

  无论你看到灵迹与否,它都是爱的象征。我们悲伤,是因为爱未停歇,也因为相信自己依然被爱。连接此生与来世的爱之纽带坚韧牢固。我们牵着纽带一端,说:"让我知道你们依然爱我。"他们牵着另一端,说:"我依然爱你,我知道你饱受痛苦,但我就在这儿。"即便你认为生命的尽头满是尘埃和朽木,爱之纽带仍然牢固。正因为你在心中牢牢牵住了爱的纽带,与所爱之人的关系才得以维系,虽然不能将他们拉回人间,但已经足矣。

---

① 本段摘自 *The Light Between Us*。劳拉·琳妮·杰克逊,美国女作家、演说家、教师,主要作品有 *The Light Between Us*、*Signs* 等。

## 悲伤耳语者

闭上双眼。想象待在某个寂静又美丽的地方。比如在海滩上漫步,在森林里徜徉,或是坐在火堆前取暖。现在,想象一下你周围满是灵迹。如果没有看到,就把你想看到的放在任何你喜欢的地方。徜徉在森林中,你可能会碰见一只小鹿或一片色彩鲜艳的叶子。漫步在海滩上,你可能会捡到一枚闪闪发光的贝壳,或者望见远处的鲸鱼。坐在火堆旁,你可能会看到一本你们喜欢共读的书。从这次想象中走出来,重新开始平常的一天后,请环顾四周。你看到各种事物,只需自问这个问题:"这是灵迹吗?"我想知道你会得到什么答案。

## 第四十周

## 缅怀逝者

我们是回忆者，是逝者故事的守护者。在感觉缺乏意义的生活中创造意义的方法之一是纪念我们深爱的逝者。我们可以建墓碑或圣坛，可以以他们的名义向慈善机构捐款。我们可以不仅为自己而活，也为他们而活，看待事物时既用自己的眼光，也用他们的视角，如此，我们的人生意义便可加倍。许多人继承逝者遗志，呕心沥血，将逝者之追求作为毕生事业。我主动向其他悲伤者伸出援手，就像他以前帮助瘾君子和"酒罐子"一般，这也是缅怀丈夫的方式。

### 第一日

我太想念她了，甚至想徒手为她建立一座数百英尺高的纪念碑……路过纪念碑的行人都能感受到我是多么想她，是真真切切看到思念堆积得有多高。[1]

——马克斯·波特

如果你觉得自己付出太多了，那就想一想泰姬

---

[1] 本段摘自 *Grief Is the Thing with Feathers*。

陵、埃及金字塔,这可都是陵墓啊。从有历史记载开始,世界各地的人们就通过造墓立碑来纪念逝者。为什么?因为思念悠悠,以死为大,历千载而不绝。

## 第二日

> 让乐趣回归葬礼吧!
>
> ——克雷斯莉·科尔(KRESLEY COLE)[①]

为什么不呢?葬礼上大家的心情很沉重,但回忆起逝者的人生,也会泪中带笑。在丈夫的追思会上,我把丈夫的 T 恤和书籍分发给大家。所有来宾都身穿丈夫的 T 恤,手拿丈夫的书,那场面我记忆犹新。追思会的餐食不错。最佳部分当数故事分享环节。其中有些辛酸往事,但有趣的故事更多。丈夫不是一个十全十美的人,但被许多人爱着,尤其是我。我尽心带给葬礼一些欢笑,也尽力为独自悲伤的余生增添一些乐趣。

## 第三日

葬礼是人生的礼赞。能够承受和接受死亡带来的改变就是胜利;深切缅怀所爱之人,随之开启人生新

---

[①] 本段摘自 *Dark Needs at Night's Edge*。克雷斯莉·科尔,美国畅销书女作家,专注于浪漫文学、青年文学写作,主要作品有 *Immortals After Dark* 系列小说。

旅程，也是胜利。

——杰奎琳·S.瑟斯比（JACQUELINE S. THURSBY）[1]

葬礼是终点还是起点？葬礼那天应该说再见还是说你好？我思忖良久。在所爱之人葬礼上我们的思念与缅怀，或许是往后余生每天想念的开端。能够继续前行，心怀思念，爱意不减，既是胜利，也意味着开启了人生的新阶段。

## 第四日

让自己感觉更平和的方法是将注意力放在当下，为了"生活更幸福，世界更美好"这一目标而不懈奋斗，以此缅怀逝去的父母和亲友，就好像他们仍与我在一起。[2]

——克莱尔·比德维尔·史密斯

我们可以与逝者手牵手吗？能否将爱的同心圆移到当下，使得我们为充实生活和美好世界做的每一件事，都有所爱之人陪伴，而不是独自苦苦支撑下来？倘若如此，所爱之人就会一直活在我们心中，活在这

---

[1] 本段摘自 *Funeral Festivals in America*。杰奎琳·S.瑟斯比（1940—    ），美国作家、教师，主要作品有 *Begin Where You Are*、*Foodways and Folklore: A Handbook* 等。
[2] 本段摘自 *After This: When Life Is Over, Where Do We Go?*。

个世界。

## 第五日

> 放眼全球,即使是在最落后的地区,人们也能够化悲伤为智慧,变苦难为力量。他们用实际行动、用整个人生为逝者铸就纪念碑。
>
> ——埃里克·格雷滕斯(ERIC GREITENS)[①]

死亡无处不在。面对这一可怕的事实,应该怎样调整心态,使自己哪怕身处最痛苦的环境、伴着最忧伤的曲调,也让生活不失欢乐,而非自我封闭,躲躲藏藏?怎样才能使自己的生命成为缅怀逝者之旅,以逝者之生前耀其身后?

## 第六日

> 他们可能走了,但我没有。我缅怀他们的方式是坚持生活,而不是变成行尸走肉。
>
> ——安妮·卡尔霍恩(ANNE CALHOUN)[②]

有些悲伤者被形容为"像僵尸一样"。在麻木和

---

[①] 本段摘自 The Heart and the Fist。埃里克·格雷滕斯(1974— ),前密苏里州州长,美国政客、慈善家、作家,2013年被《时代周刊》评选为全球最具影响力的100位人物之一,主要文学作品有 Resilience: Hard-Won Wisdom for Living a Better Life。
[②] 安妮·卡尔霍恩,美国女作家,专注于浪漫文学写作,主要作品有 Liberating Lacey、Uncommon Passion 等。

痛苦中，一个选择是跌跌撞撞地度过一生，在空虚中等待死亡降临。另一选择是努力充实生活，以此缅怀所爱之人。我不会把所爱之人抛在身后，而是带着他们走好余生每一步。

## 第七日

缅怀所爱之人，我并没有做了不起的大事，而是体现在一些日常小事中：对自己抱有同情心，为爱的人真心付出，抓住机会充实自我，尽兴生活……

——卡米尔·佩简（CAMILLE PAGAN）[①]

从丈夫的人生中我能学到什么？牵住他的手，他就指引我前行。我也不需要做什么了不起的大事，向别人致以微笑，简单地打个招呼就足够了。在丈夫生忌、逝世周年纪念日时，我都会请客人做些善事，目的是让丈夫保持微笑。以后每天我都想让丈夫微笑。

---

[①] 卡米尔·佩简，美国畅销书女作家，作品已被译为20余种语言在全球出版发行，主要作品有《岛上的最后一天》、*I'm Fine and Neither Are You* 等。

## 悲伤耳语者

找一张纸，或者在日记里写下："缅怀你。"接着再写："为此，我做了这些事……"想想你为缅怀逝者做的事情。可以是"呼吸都很痛苦时，我也坚持活下去"这种小事，也可以是"以你的名义设立基金会"这种大事。然后再写："以后，我还会做……"想想以后还会为缅怀逝者做些什么。可以是"把你的照片做成拼贴画"或"每天坚持散步"，想写多少就写多少。也可以是"在花园里种花草"或"画一幅画"。可以自己独立完成这些事情，也可以请他人协助。就像其他章节中"悲伤耳语者"的练习一样，无论选择怎样做都可以。

# 第四十一周
# 创造意义

所爱之人撒手人寰，悲伤之河仿佛将生命的全部意义冲刷殆尽。不管情愿与否，我相信自己依然活着，因为人间余事未了。丈夫曾成功戒酒，并用自身经历帮助他人，我也要像他那样帮助其他悲伤者，这就是生命的意义所在。生命之意义也源于我与他人之往来。朋友也好，家人也罢，包括我愿意为之服务的社区群众，都可能与我有所关联。我相信，听从内心的声音，便可找到生命之意义。

## 第一日

他不愿我们怀着悲痛的心情离开这个房间，而更希望我们颂其一世为人，乐其给予你我之种种。他希望我们坚定地活着，像他一样，满怀激情与希望地活着。

——卡伦·金斯伯里（KAREN KINGSBURY）[1]

---

[1] 本段摘自 *Ever After*。卡伦·金斯伯里（1963— ），美国畅销书女作家，现已出版逾100本小说，主要作品有《蒲公英的灰尘》（已改编为电影）、*A Time to Dance* 等。

悲伤或令你我忘记，所爱之人虽已离世却仍能鼓舞生者。若生者决心找寻激情与希望，便可逃离悲伤之苦。爱子死于霸凌，你便可致力于对抗霸凌；爱人死于癌症，你便可呼吁警惕癌症；斯人已逝，你却可因此更加关心家人，救助无辜生灵。细想所爱之人生前死后种种，是否能助你找到生命之意义？

## 第二日

迄今我的悲伤如恒河沙数，更重于大山。世界空空荡荡，唯有最初的目标：明天继续生存。

——弗兰克·赫伯特（FRANK HERBERT）[①]

自呱呱坠地那一刻起，生活就有了最初目标。此后的每一日，我们都在设法达成此目标，直至生命尽头。明天的生活正向我们走来，该怎样使其对你、对我、对他/她而言有意义呢？

## 第三日

疗愈伤痛不在于继续前行或是克服伤痛，而在于学会与伤痛和解，并且找回生命之意义。

---

[①] 本段摘自《沙丘》。弗兰克·赫伯特（1920—1986），美国最具影响力的科幻作家之一，有"科幻界金庸"之称，他一生共创作了23部长篇小说和5部短篇小说集，其中最成功的便是"沙丘"系列小说。其中《沙丘》《沙丘救世主》《沙丘之子》三部长篇构成的"伟大沙丘三部曲"，曾被翻拍成电影并引起巨大轰动。

——雪莉·卡明斯基（SHIRLEY KAMINSKY）[①]

对我而言，治愈伤痛不是终点，而是过程。继续前行或克服伤痛往往难以实现，甚至与治愈伤痛毫不相关。我们有能力再次找到生命的目标与意义，因此可与伤痛和平相处。所爱之人或许已经离开，但爱赋予我们的意义始终还在。

## 第四日

疼痛遍布身体每一块肌肉，心痛尤为剧烈。我不知该如何携此伤痛继续生活，我再不愿东躲西藏以逃离现实，只想有所希冀并为之奋斗。

——汉娜·哈灵顿（HANNAH HARRINGTON）[②]

悲伤和思念袭来，生活凌乱不堪。我们不知如何在痛苦重负下继续生活，因此想要逃避这一切。但找到新的人生目标，继续坚持才是我们的责任所在。通常是所爱之人的力量将我们拉回正轨，我们才得以继续坚持，不负使命。

## 第五日

---

[①] 雪莉·卡明斯基，美国预防自杀基金会前主席。
[②] 本段摘自 *Saving June*。汉娜·哈灵顿，美国女作家，专注于青年文学写作，主要作品有 *Saving June*、*Speechless* 等。

> 据说世界好似由无数石片拼凑而成的镶嵌画。芸芸众生就如同一片片石头，目光仅限于己身。所有痛苦、甜蜜和悲伤是石片中更微小的石粒，上天赋予人类安置这些石粒的权力。
>
> ——克里斯托弗·邦恩（CHRISTOPHER BUNN）[1]

我的石粒已经分崩离析难以复原。但我仍记得它们的形状和颜色。怎样才能将其重新拼接，加以创新，形成新画？这新画代表悲伤与痛苦、美丽与爱情。

## 第六日

> 逝者已逝，自然不能复生，然而这并不意味着他们不存在。未曾经历过悲伤之人往往难以理解。[2]
>
> ——朱利安·巴恩斯

所爱之人离世，刹那间一切意义皆不复存在。因逝者音容笑貌依然出现在心间脑海，我们可以重新定义生命之意义。这或许有点费解。丈夫虽已逝去，但我仍能感受到他的存在。丈夫仍在，其爱亦在，我每日坚定此信念以找寻生命之意义，而后付诸行动以求

---

[1] 本段摘自 The Shadow at the Gate。克里斯托弗·邦恩，美国作家，专注于科幻奇幻文学、幽默文学写作，主要作品有 The Tormay Trilogy 三部曲、A Storm in Tormay 等。
[2] 本段摘自 Levels of Life。

为己、为人之生命创造意义。

## 第七日

所爱者离世，你最该做的就是在有生之年发扬其精神，汲取他或她甚至是它让你明白的道理，并为己所用。通过自身传承，使他们的精神不朽于世。

——帕特里克·斯威兹（PATRICK SWAYZE）[1]

那是所爱之人送给我们的礼物，充满神秘。我将明白什么道理？分享这份深情后我会得到什么？如何才能更好地让丈夫活在我心中，使其精神与贡献留存于世？

---

[1] 帕特里克·斯威兹（1952—2009），美国演员、舞蹈家、歌手、作曲家，1985年以迷你电视剧《南北乱世情》而令人瞩目，1987年以歌舞片《辣身舞》大展才华，获金球奖最佳男主角提名，1990年以《人鬼情未了》创造出个人的演艺高峰。

## 悲伤耳语者

　　某一天，你写道："我还活着，我的生命是有意义的。"因为你多次发现这对你有所帮助。重复写10次或更多。如果你因此感到舒心，那就在你常用的镜子上写下这句话："我还活着，我的生命是有意义的。"

　　白天或黑夜的某个时段，当你思考生命的意义时，请将所得之感记录在册。在所爱之人的生命里，有没有什么是需要你为他们保留在世间的？问问他们吧！想想他们可能会说的话。这可能只需要一秒钟，也可能更多，但你将获得意义回归的感觉。你也会明白该怎样付诸实践使这些意义鲜活起来。

## 第四十二周

# 走出去

身陷悲伤的人,往往自我封闭,不愿融入周围的世界,躲在家中暗自神伤与追忆。不论情愿与否,我都开始出席各种场合,希望生活重新拥抱自己。有时生活寻常无奇,无非就是出门,参加活动,熬到结束,高兴地回家。有时,我会情不自禁地微笑或者结识有趣的新朋友。我开始恢复活力。即使是现在,我也会时不时逼着自己走出去。我怀着期待,展望未来。当然,悲伤仍然如影随形。

### 第一日

我只是待化成蝶的蛹,为悲伤的茧所包裹,眼前一片漆黑,翅膀稚嫩无力。我忽而忧心茧衣不会打开,忧心自己的气力不足以冲破束缚。

——艾莉·康迪(ALLY CONDIE)[1]

---

[1] 本段摘自《命运游戏》。艾莉·康迪(1971— ),美国畅销书女作家,专注于青年小说写作,作品被译为30余种语言在全球出版发行,荣获2010—2011年"美国青少年图书选择奖",主要作品有完美三部曲系列图书,包括《命运游戏》《华丽窒息》等。

悲伤会腐蚀我们对自己潜力的信心，让我们软弱。不尝试充分发挥自身的潜能，却自囚于悲伤之茧，违背人之天性。该如何找到勇气，破茧成蝶，伸展双翅，翩然起舞？需依靠深藏记忆的爱。

## 第二日

悲伤的方式虽有多种，但流露悲伤，倾诉悲伤，坦然接受失去同样重要……趁你还活着，为自己的生命喝彩吧！

——克里丝·拉迪什（KRIS RADISH）[①]

我庆幸自己生而为人，为君所爱。若你爱我，我必定仍有值得称道之处。坦然面对悲伤，我便能获得快乐。即使伤心，我也要展现真我。

## 第三日

我怕此生不值得。姐姐已故，我为何还苟且于世？从今而后，我一个人的世界，却寄托着两个人的人生。好吧，管它呢，我还是好好活下去，为了自己，也为了姐姐。

---

① 克里丝·拉迪什（1953— ），美国女作家、记者、专栏作家，主要作品有 Annie Freeman's Fabulous Traveling Funeral、The Elegant Gathering of White Snows 等。

——妮娜·桑科维奇（NINA SANKOVITCH）[1]

自丈夫与世长辞那一刻起，我便感受到了肩上的责任。此后我不仅为自己而活，更为丈夫而活。我愿带着丈夫给予我的一切，像他一样，学会热爱生活，以度往后余生，为我也为他。

## 第四日

外面是大千世界。无论想到什么东西，滑雪板、烟花、岛屿、电梯或悠悠球，诸如此类，我都反复告诉自己这些都是真实存在的，就在窗外。这着实劳心伤神。人也是一样，消防员、老师、窃贼、婴儿、圣徒、足球运动员等，都真实存在于外部世界。只是，我不在。

——爱玛·多诺霍（EMMA DONOGHUE）[2]

"外面"或许可怕，却未必不能涉足。准备不足也无妨，"里面"尚有诸多事情可做。待准备充分，便可踏出去。或许时机早已成熟，只是你浑然未觉也未可知。有时第一步极为艰难，那就从第七步开始算，

---

[1] 妮娜·桑科维奇，美国畅销书女作家、历史学家，主要作品有 The Lowells of Massachusetts、American Rebels 等。
[2] 本段摘自《房间》。爱玛·多诺霍（1969— ），加拿大著名女剧作家、历史学家、小说家、编剧，曾获得2010年爱尔兰年度小说大奖、2010年《纽约时报》最佳图书奖等多个奖项，主要作品有《房间》《红丝带》等。

因为前面六步已经在路上。

## 第五日

他最怕的是,他与世隔绝太久,已然与外界格格不入。

——约翰·科里·惠利(JOHN COREY WHALEY)[①]

长期与世隔绝,重返外界的恐惧便难以抗拒。"走出去,你就能找回曾经失去的",可惜我们并不总是这样想。因此,"走出去"一开始就只是散步两分钟。请记住,离开避世之所你还可以再回去。尊重恐惧,任其左右你的方向。

## 第六日

去感受,去悲伤。静静端坐,让所有情绪酝酿发酵,哪怕痛得撕心裂肺。然后起身站立,正常呼吸。一呼一吸,不疾不徐。醒过来,哪怕遍体鳞伤。大哭一场,然后开始新的一天。你虽不如意,但还活着。

——贾辛达·怀尔德(JASINDA WILDER)[②]

---

[①] 约翰·科里·惠利(1984— ),美国作家,2012年凭借小说 *Where Things Come Back* 荣获美国图书馆协会普林兹奖,2014年凭借小说 *Noggin* 获布克奖提名,其他著作有 *Highly Illogical Behavior* 等。
[②] 本段摘自 *Falling into You*。贾辛达·怀尔德,美国畅销书女作家,专注于浪漫文学、悬疑小说写作,主要作品有 *Falling* 和 *Alpha* 系列图书。

走出去，无须等待合适的时机，也无须刻意找事做。有时我们会有片刻欢愉，但日后也会有伤心哭泣之时。好好生活并不是对逝者不忠。走出去，是要学习如何再度起舞，即使有些笨拙。

## 第七日

痛失所爱，我们或许郁郁终日，心如死水。我们也可以敞开心扉，让阳光照入，鲜花丛丛围绕，自知我们的爱至真至深。①

——克莱尔·比德维尔·史密斯

走出去是向爱致敬的方式。此生能得两情相悦，至死不渝，是上天眷顾。从此遁世隐居，算得上感谢上苍安排吗？也算。但打开窗子，呼吸新鲜空气，也是向上天致谢的方式。你再不能送我鲜花，但我可以自己送给自己。没有了你，生活全然不同，但只要我肯走出去，便始终有你爱的庇佑。

---

① 本段摘自 *After This: When Life Is Over, Where Do We Go?*。

悲伤耳语者

制作 3 份清单。列出 10 件你以前喜欢做，却因痛失所爱不愿再做的事情。列出 10 件你喜欢做却从未做过的事情。再列出 10 件你感兴趣但认为自己不会尝试做的事情。不必一定是 10 件，也可以是 7 件、3 件或 14 件。从 3 份清单上任选 1 项，然后将其排进日程。你有可能会做，也可能不做。如果你逼着自己做这些事情，可能会发现自己不仅在享受过程，而且还有所期待。

第四十三周

# 帮助他人

帮助他人或动物时,我的注意力就会转向他们。帮助他人是我悲伤之旅的重要阶段。如果有时感觉已经与世隔绝,我就上网写帖子鼓励网友。有些网友和我成了朋友。这件事不需耗费太多精力,而且利人利己。

## 第一日

我来不是为了让你免于崩溃,而是为了在你经历苦难、悲伤不已、心理崩溃时陪你煎熬,也在你心情欢快、放声歌唱时陪你笑。这就是与你同在,这就是捧心而来。

——凯特·布雷斯特鲁普(KATE BRAESTRUP)[1]

如果我们一心想着解决实际问题,并不知道他人真正需要的只是用爱陪伴,那么乐于助人可能只会帮倒忙。爱心陪伴能建立信任与支持,久而久之,会让受助者产生良好的变化。

---

[1] 本段摘自 Here If You Need Me: A True story。凯特·布雷斯特鲁普,美国女作家、牧师、演说家,主要作品有 Here If You Need Me: A True story、Marriage and Other Acts of Charity 等。

## 第二日

　　她哭的时候，我除了喂她食物，拥她入怀，别无可为。我不停地祈祷，一直陪在她身边，希望家庭给予她温暖，陪伴给予她宽慰，时间给予其疗愈。

　　——格伦农·道尔·梅尔顿（GLENNON DOYLE MELTON）[①]

　　悲伤需要倾听。如果有人关心你，而且还能理解你的悲伤，这是一种莫大的幸运。如果你想要帮助他人，就要去陪伴。当你自己处于悲伤之中，想要迈出家门陪伴其他悲伤者绝非易事，但是，共同的悲伤经历也是一种宽慰。

## 第三日

　　我将伤痕展现出来，让大家知道伤口终会痊愈。

　　——拉切尔·尼克尔（RHACHELLE NICOL'）[②]

　　许多悲伤者都会把伤痕掩盖起来，这是人之常情。我从来都没想过把自己的伤痕公之于众。在经历内心挣扎，决定展示伤疤的过程中，我们同时也在找寻走出悲伤之路。

---

① 本段摘自《在爱中重生》。格伦农·道尔·梅尔顿（1976—　），美国畅销书女作家、社会公益人士，主要作品有《在爱中重生》、*Untamed*、*Love Warrior* 等。
② 本段摘自 *Sunday Mourning*。拉切尔·尼克尔，美国女作家，*Sunday Mourning* 为其代表作。

第四日

给家人提供空间并不是紧紧裹挟他们于悲伤之中。可以给他们安排一些有意义的任务。哀悼者在完成任务的过程中可以获得使命感,使命感能够加快悲伤之旅的进程,悲伤之旅的进程加快,又可以帮助哀悼者尽快疗愈。

——凯特琳·道蒂(CAITLIN DOUGHTY)[1]

所爱之人去世后,我们可能会感觉生活毫无意义。帮助他人,则能让我们重新找回人生的使命感。这并不难,比如做一顿饭或者陪其他悲伤者散散步。也可以稍复杂些,比如帮助悲伤者做出决定——逝者的哪些物品该好好存留,哪些物品可以打包送人。与悲伤者共事,我们的悲伤不会消失,但已经悄然发生改变。

第五日

能与同样的悲伤者安静坐在一起的人,能为死寂的心灵带来新生。那些勇于牵起感恩之手、敢于落下悲伤之泪、不惧宣泄内心之悲叹的人,能够冲破悲伤的壁垒,避免被其麻痹,并且创建一种新团契

---

[1] 本段摘自 From Here to Eternity: Traveling the World to Find the Good Death。凯特琳·道蒂(1984— ),美国作家、知名博主、殡葬师,主要作品有《好好告别》、Will My Cat Eat My Eyeballs? 等。

（fellowship）①——"冲破悲伤"团契聚会。②

——卢云神父

在"冲破悲伤"团契中，我们可以沉默寡言，也可以活跃参与。其实没有人想加入这种团契，但我们别无选择。与其他成员促膝长谈，我们不仅与逝者，也是同生者建立了紧密联系。没有必要非得知道谈什么，只是倾听就足够了。

## 第六日

现在我周围一片漆黑，看不到一缕光线——因为光是从你身上发出的，你看不到，但其他人都看得到。

——朗·利夫（LANG LEAV）③

悲伤的阴影吞噬一切。然而，黑暗之中仍有一道光，是从你身上发出的。那是你勇于抗争的生命力之光，是爱之光。排解悲伤，其中一点就是要找到这道光，并知道应该照向哪里。光照到别人身上，也会反射给你自己。

---

① fellowship，即伙伴关系，源自《圣经》，现在常用作基督教（新教）特定聚会的名称，主要以教友交流为目的，包括但不限于周日的礼拜聚会。部分农村地区教徒简称之为"聚会"。
② 本段摘自 Out of Solitude: Three Meditations on the Christian Life。
③ 朗·利夫，新西兰女作家、诗人，专注于浪漫文学创作，主要作品有 Love & Misadventure、Lullabies 等。

## 第七日

分担悲伤和痛苦,悲痛便会减轻。大雨终有停时,眼泪亦是如此。情谊加深,我们会对彼此敞开心扉,甚至出乎我们的意料。

——卡波夫·金拉德(KARPOV KINRADE)[1]

悲伤者有很多。他们或形单影只,或成群结队,遍布全球,网上也能找到他们。通过分享自己的悲伤经历来帮助他人,我们可以建立情谊。久之,我们意识到自己并不疯狂,也并不孤单。释怀让自己轻松畅快,勇敢地袒露心绪,新生的幼苗就会在不经意间悄然生长。

---

[1] 本段摘自 *Kiss Me in Paris*。卡波夫·金拉德,美国畅销书夫妻双人组作家,专注于奇幻科幻小说写作,主要作品有 Vampire Girl 系列和 The Nightfall Chronicles 系列。

## 悲伤耳语者

想一想你愿意为他人提供什么帮助。你或许想沉浸在虚拟世界中,但鼓起勇气去现实世界走一遭也是大有裨益的。你或许想和其他悲伤者,或者和动物相处。你或许也想照看一个社区花园,或者给老人送餐。如果你的第一个想法行不通,那就试试第二个、第三个。你可以成为改变他人生活的人,这也将改变你自己的生活。

## 第四十四周

# 每天都在发生

别人劝慰你的时候往往说"迈过这个坎"或"向前看",其原因之一是,他们认为悲伤是可以及时疗愈的。得知你所爱之人在 1 年前、5 年前甚至早在 40 年前就去世了,他们认为你是身陷困境难以自拔。他们不明白,我们每天都会记起所爱之人已经离开,再也不会回来,再也无法与我们一同生活,因此心中的创伤反复撕裂,久久不能愈合。我们可以慢慢习惯带着创痕生活,同时保持健康和快乐,但却无法阻止悲伤情绪反复袭来。

## 第一日

每次呼吸,每回眨眼,每当说话,我都会再次想起她的离去。起立坐卧,我脑海里翻滚不停,何时才能接受现实?为何闭上眼睛都能看到她离世时的情景?

——科琳·胡佛(COLLEEN HOOVER)[1]

---

[1] 本段摘自 Losing Hope。科琳·胡佛(1979— ),美国畅销书女作家,专注于青年文学、浪漫文学写作,主要作品有《因为深爱,所以放手》《真爱没有尽头》等,两本书出版后,亚马逊网站读者评论数以史无前例的速度迅速突破 1000 条。

有些悲伤者目睹了所爱之人的临终时刻，而且当时的场景在脑海中反复出现。我倒没有这样，但我记得丈夫临终时的每一个细节。即使 8 年后的许多时刻，我也不得不提醒自己，丈夫已经去世了。我知道他不在了，但感觉仿佛就发生在昨天。人固有一死，我也明白，但就是想不通。

## 第二日

所爱之人去世，最糟糕的后果之一是，你每天早上醒来都会再次经历这一痛苦。①

——安娜·昆德兰

每天醒来时，我们首先想到的往往是所爱之人离开人世了。我们又要熬过一个没有他们的日子。轻松愉快地起床已是不可能，我们必须要找到一种纪念他们的方式，为他们的人生所鼓舞，这样我们才有能量开始新的一天。这有时很容易，有时则难于登天。

## 第三日

时光流逝，我对她的思念没有被冲淡，反而与日俱增。没有她，这伤口永不愈合，不会结痂，鲜血淋漓。②

---

① 本段摘自 *Every Last One*。
② 本段摘自《禁闭岛》，被改编为同名电影于 2010 年上映。

——丹尼斯·勒翰

未曾经历过深重悲伤的人，大多认为思念不过是寻常事。我们的思念逐日堆积，与日俱增，悲伤因而令人力倦神疲。我们需要不断更换伤口的绷带，永远带着悲伤前行，因为悲伤是不治之痛。

## 第四日

我觉得这又是一个糟糕的日子，我们都知道，悲伤不会随岁月褪色。

——萨拉·巴纳德（SARA BARNARD）[①]

我觉得今天是个糟糕的日子。我赖床不起，又过于迷恋电视，连最简单的事情都不愿做。有时，我如果能行动起来，糟糕的日子也会变成好日子。有时，我就默然接受今天的糟糕，希望明天是个好日子。

## 第五日

你逐渐明白，悲伤是慢性的，时而缓解，时而复发，却难以治愈。你不能待在原地期望悲伤自动消退。你必须行动起来，冲破悲伤，就像游泳时遇上暗流一样。

---

[①] 本段摘自 A Quiet Kind of Thunder。萨拉·巴纳德，英国女作家，专注于青年文学、当代文学写作，主要作品有 A Quiet Kind of Thunder 以及 Beautiful Broken Things 系列。

——泰勒·詹金斯·里德（TAYLOR JENKINS REID）[1]

虽然我认识一些自认为已从悲伤中解脱出来的人，但于我而言，悲伤是慢性的。在咽下最后一口气之前，我的悲伤会一直存在。有时，我感觉活力满满，坚强勇敢；有时，我却不堪重压，倒在悲伤脚下。这些年来，我逐渐明白，不能屈服于悲伤，而是要向悲伤宣战，尽己所能，不断前行。我必须游得更快、游得更好。

## 第六日

有趣的是，即使你早已接受失去所爱之人的悲伤，并且重装上阵，继续人生之旅，某天某刻却突然传来"我可逮到你了"的声音，不一会儿，疤痕开裂，疼痛再次袭来。

——玛丽·希金斯·克拉克（MARY HIGGINS CLARK）[2]

悲伤如酒，愈陈愈烈，常常让我们猝不及防。疤痕开裂，疼痛再次袭来，一小时、一天，甚至一周，悲伤情绪也无丝毫消退。悲伤时轻时重，可能会缓和，但几乎不会完全消退。

---

[1] 本段摘自 One True Loves。泰勒·詹金斯·里德，美国女作家，主要作品有 Daisy Jones & The Six 以及 The Seven Husbands of Evelyn Hugo 等。
[2] 本段摘自 The Second Time Around。玛丽·希金斯·克拉克（1927—2020），爱尔兰裔美国悬疑小说家，被誉为"悬疑小说天后"，曾荣获美国推理作家协会最高荣誉埃德加·爱伦·坡奖，作品多以坚毅的女性为主角，刻画她们勇于克服心理创伤的形象，主要作品有《诅咒》《勿忘》《冷血医生》等。

# 第七日

> 太阳升起，悲伤不会就此遁入阴影。你不能在痛苦中一直睡下去。有些伤痛与你已成一体，就像血液、眼睛、牙齿一样……
>
> ——奥特姆·道格顿（AUTUMN DOUGHTON）[1]

悲伤痛入骨髓，与我融为一体。有时我将其当作伴侣，有时又为其所伤。我正努力为悲伤找一个家，这样我的生活才能多姿多彩、充满奇迹。

---

[1] 奥特姆·道格顿，美国女作家，专注于青年文学、当代文学写作，主要作品有 *In This Moment*、*I'll Be Here* 等。

## 悲伤耳语者

随意写出或画图说明你的悲伤，不必写实。如果你有一根魔杖，你每时每刻的悲伤会是什么感觉？给你的悲伤写一封信，以"亲爱的悲伤"为开头。你想让悲伤完全消失吗？悲伤有没有教会你什么？你是想向它问问题，还是想表达对它的愤怒和不耐烦？你想不想让它留下来，但只为提醒你曾经的爱和幸福，而且不让你恐惧或痛苦？告诉悲伤你希望从中得到什么，并要求它帮你实现这些愿望。你可以在末尾写上"爱你的"，后面签上你的名字，也可以不署名。

# 第四十五周
# 值得不值得

多年以来，只有一个人回绝了我的请求。我已经学会对悲伤心存感激。悲伤有多深，爱就有多深。我不会忘记和丈夫在一起的每一刻。比起我们共度的时光，他走后我经历的痛苦算不了什么。

## 第一日

所爱之人去世，我们的损失感越强烈，就越应该对失去的一切心存感激。这意味着我们拥有值得悲伤的东西。那些来到人世走了一遭，却全然不知悲伤为何物的人，让我深为抱憾。

——弗兰克·奥康纳（FRANK O'CONNOR）[①]

既能去爱，又能被爱，我何其有幸。虽然失去，但能曾经拥有，我已感谢上苍。从未拥有过这种爱，因而永远不懂悲伤的人，我真的为他们感到遗憾。虽

---

[①] 本段摘自 *Collected Stories*。弗兰克·奥康纳（1903—1966），爱尔兰著名作家，著作逾150部，以短篇小说和传记最为有名，其主要作品有 *My Oedipus Complex and Other Stories*、*Guests of the Nation* 等。为纪念奥康纳，爱尔兰设立了弗兰克·奥康纳国际短篇小说奖。

然我为丈夫的去世悲伤，但因为我与父母关系不融洽，他们去世时，我反而深感解脱。我发觉，没有悲伤比悲伤本身更悲哀。

## 第二日

如果不是失去了真正有价值的东西，没有人会哭得如此伤心。因此，悲伤是对和睦共处的颂扬。泪水是记忆凝结的明珠，悲伤却闪耀着曾经的美好。

——苏珊·J.赞恩贝尔-斯梅根格（SUSAN J. ZONNEBELT-SMEENGE）[1]

如果我们记得这段关系体现出的深刻价值以及其中的美好时刻，下一步就应行动起来，传承发扬这段关系的价值，而非困于被剥夺感之中。体会一句话："悲伤是一种礼赞。"这句话对你意味着什么？你能逐渐认识到什么呢？

## 第三日

虽然深陷悲伤时几乎找不到欢乐的气息，而且她感受到的疼痛是全心全意去爱的代价，但是，每一刻

---

[1] 本段摘自 *Getting to the Other Side of Grief*。苏珊·J.赞恩贝尔-斯梅根格，美国女心理学家、作家，专注于悲伤心理研究，主要作品有 *The Empty Chair*、*Traveling Through Grief* 等。

的痛苦都是值得的,因为奶奶曾出现在她的生命中,深爱过她。

——苏珊·威格斯(SUSAN WIGGS)[1]

人生的道路上,并不是每个人都可以遇到能让我们全心全意去爱的人。若能认为这个人的出现是一种恩赐,即便斯人已逝,对我们而言也是一种宽慰。我与丈夫共度的欢乐时光,以及彼此默契的理解,即便现在每一刻承受痛苦也值得。

## 第四日

我努力记住她原来的模样,而不是在哀悼时脑海里浮现拼凑的容颜,那只是自我安慰而已。日子一天天过去,我将宽恕的药膏涂抹在破损干裂的心灵表面,我发现铭记她原来的模样,是献给彼此的礼物。

——卡洛琳·帕克丝特(CAROLYN PARKHURST)[2]

丈夫去世后不久,有人告诉我,再过一段时间,我会只记得那些美好的回忆。我回答说,我希望记住

---

[1] 苏珊·威格斯(1958— ),美国作家,专注于历史类、浪漫类小说写作,主要作品有 Just Breathe、Lakeshore Chronicles 系列图书等。
[2] 本段摘自《巴别塔之犬》。卡洛琳·帕克丝特(1971— ),美国女小说家,代表作《巴别塔之犬》曾力压《达芬奇密码》等书籍荣登《纽约时报》畅销书榜首,其他著作有 Lost and Found 等。

他原来的模样,而不是将他理想化。丈夫临终前,曾为所有让我失望的事情道歉,我也道了歉。我现在还在生他的气,仍然希望我们当时都能以更好的方式表达爱。我当然还是会宽恕。当时我们是如何努力调整情绪保持和睦的,又是怎样压不住脾气而发生摩擦的,若能原原本本记住,便是一份礼物。做这一切都值得,其中每一刻也都值得。

## 第五日

为了逃避她的去世带来的凄凉,我会放弃她的陪伴带来的快乐吗?不会,一秒也不会。这次伤感的经历丰富了我的人生。

——华莱士·斯泰格纳(WALLACE STEGNER)[1]

悲伤是我不想要的,但它确实丰富了我的人生。这种紧密相连、充满爱意的关系带给我们的快乐远远超过悲伤带来的痛苦。

## 第六日

我的心中充满阳光,不会悲风伤雨。

---

[1] 本段摘自 *All the Little Live Things*。华莱士·斯泰格纳(1909—1993),美国作家、历史学家,被誉为"西方作家系主任",1972年获普利策奖,1977年获布克奖,主要作品有《安息角》、*Crossing to Safety* 等。

——维纳缇·博拉（VINATI BHOLA）[1]

我心中充满你爱的阳光，可我依然悲风伤雨。也许有一天我也能在风雨中起舞。

## 第七日

所爱之人有无价值，悲伤就是证明。价值永在，所以我胸怀悲伤。我不会将悲伤抛之脑后，也不会试图越过或者忘记。每一首挽歌都是情歌。[2]

——尼古拉斯·伍斯特福

每一滴眼泪，每一句抱怨，都证明了你是多么的特别，证明了你对我而言永远珍贵。我为自己是一名悲伤者而自豪，不想治愈悲伤。往后余生，我想一直保持着对你的了解，并且铭记一起走过的日子对我和其他人而言曾经意味着什么，又将会意味着什么。

---

[1] 本段摘自诗集 *Udaari*。维纳缇·博拉，印度女作家、诗人，*Udaari* 为其代表作。
[2] 本段摘自 *Lament for a Son*。

## 悲伤耳语者

　　述说或记录逝去的所爱之人的故事。可以讲述你们共同的经历,讲述他们在世时所做的事情。用你的话语让他们的形象重新鲜活起来。你可以边写边笑,可以边写边哭,也可以笑中带泪,泪中有笑。写完后,休息一会儿,然后问问自己:认识的这些人、爱的这些人,值得你现在这么悲伤吗?如果答案是肯定的,那就放下顾虑,尽管讲述他们的故事吧,对别人讲也行,只对自己讲也好。

## 第四十六周

# 守护悲伤

为了避免风言风语的伤害,缄口不言心中悲伤是可行之策。然而,你有没有试过守护悲伤?或许可以让人们知晓,尽管悲伤百转千回,但也是对死亡的正常反应。悲伤情绪并不复杂,也不会延期,只是如期而至。现在,我们应逐渐承认和接受悲伤,而不是一味否认。如果你觉得保持沉默更舒服,完全可以独处时默默守护悲伤,不要有任何顾虑。你有权利在私人时间里用自己独有的方式体验悲伤。

## 第一日

传统思想中,我们似乎对苦难很缺乏耐心:总是想方设法将重大损失的影响最小化,认为对苦难的强烈反应是一种病态,却为那些经历悲剧不动声色的人喝彩。我们总是尽力抑制自己的悲伤情绪。

——H. 诺曼·莱特(H. NORMAN WRIGHT)[①]

---

[①] 本段摘自 Complete Guide to Crisis and Trauma Counseling。H. 诺曼·莱特,美国康复师、咨询师、教授、作家,现任教于美国拜欧拉大学,Complete Guide to Crisis and Trauma Counseling 为其代表作。

我欣然接受真实的情绪，并不提倡像斯多葛学派①（stoicism）一样默默忍受。丈夫临终时，我很高兴他能和我一起哭泣，正如我们曾经一同欢笑。悲伤不是用来掩饰或隐藏的东西，认为悲伤是一种病态尤为危险。有的人勇敢地摘下悲伤面具，真心实意纪念和分享悲伤经历，我为他们喝彩。

## 第二日

因为听到悲伤者哭泣很不舒服，人们自然而然地尽力帮悲伤者止住泪水，让其振作起来。但这其实是种错误的做法。要允许悲伤者尽情悲伤，这样才可以开启治疗进程。

——凯文·M.加德纳（KEVIN M. GARDNER）②

我在一次研讨会上了解到，有人哭泣时，不应递纸巾或安慰他们，而是应该坐着静静地看他们落泪。不快乐通常会让他人感到不舒服，所以他人试图让痛苦的人振作起来。然而，他们的言行非但没有振奋人心，反而造成了伤害、愤怒和困惑。悲伤反映了爱的

---

① 英文 stoicism，由塞浦路斯岛人芝诺于公元前 300 年左右在雅典创立。斯多葛学派强调，所有的自然现象，如生病与死亡，都只是遵守大自然不变的法则罢了，因此人必须学习接受自己的命运。
② 凯文·M.加德纳，美国牧师、作家，主要作品有 A Handbook for Wiccan Clergy 等。

存在，是一种光荣的情绪，在治疗悲伤之前，必须学会尊重悲伤、倾听悲伤。

## 第三日

今天，在"沉默是金，克服悲伤，继续前进"的大环境下，社会大众错过了很多东西。难怪我们是渴望讲述自己的故事的一代。①

——伊丽莎白·库伯勒-罗斯

在社会潜规则的限制下，我们都将真实的故事埋在心中，因此错过了太多太多。不能与爱人携手并肩而行，无人倾诉柔情蜜意，我们倍感孤单。我们可以缄默不言，也可尽情倾诉。哪种选择，会让我们更有真正的存在感呢？

## 第四日

你可能会发现，与其逃避悲伤的严酷现实，倒不如放任悲伤的刺痛和疼痛，放声呻吟和哭号，这样悲伤的强度会逐渐削弱。你揭露了悲伤的秘密藏身之处，将其逼迫到光天化日之下，悲伤的模样变得更清晰，也更容易对付。

---

① 本段摘自《当绿叶缓缓落下：与生死学大师的最后对话》。

——弗兰克·佩奇（FRANK PAGE）[1]

我发现处于悲伤之中，有些行为可以缓解悲伤，如呻吟、哭号、发怒，甚至包括偶尔的沉湎其中，但我一般都会在自己家里做这些事情。如果我可以尽情宣泄悲伤，那感觉非常畅快清爽。我已经在其他事情上倾注了精力，如果再对自己隐藏什么事情，那我真的就应付不过来了。

## 第五日

以前痛失一位亲人，你应该身着黑衣，全心悲伤，然后在接下来的一年，进入一种所谓悲伤减半的状态，悲伤慢慢消退。现在呢？经历悲剧后，长则两月，短则一月，别人就会认为你该走出悲伤了，你自己也会放弃治疗悲伤，假装重归安好。[2]

——梅赛德斯·莱基

现代社会中，人们越来越排斥向外界宣泄悲痛情绪的行为。让别人认真对待我们、理解我们的悲伤几乎是奢求。为了抚平内心的裂痕，我们似乎只能接受

---

[1] 本段摘自 Melissa: A Father's Lessons from a Daughter's Suicide。弗兰克·佩奇（1952— ），美国美南浸信会前任主席、作家，主要作品有 The Nehemiah Factor、Looking for a New Pastor 等。
[2] 本段摘自 Shadow Grail #2: Conspiracies。

各种所谓的疗法,快速治愈悲伤,但往往收效甚微,甚至有害身心。我想改变这种观念。我希望所有人都能理解,经历悲伤是一个悲伤者该做的事情。

## 第六日

有人问他:"你为什么总是穿着黑衣[1]?"他说:"因为我在哀悼亡妻。"

——安东·契诃夫(ANTON CHEKHOV)[2]

我们不一定总是穿着黑衣,但很多人将黑衣穿在心里,穿在脑海里,穿在灵魂里。我们悼念的是所爱之人离去后仍在继续的生活。我们悼念的是虽无比向往却不能复制的岁月。我们渐渐明白,对于生活,我们可以哀而悼之,同时也可以歌而颂之。

## 第七日

请无所畏惧地走进哀悼的世界吧,因为悲伤是一种爱,敢于直面死亡这一最古老的宿敌。人同万物一样,生死并无差别,爱却不灭不朽。

---

[1] 西方世界认为,黑色是一种压抑但带有正式感的颜色,因此哀悼逝者通常着黑衣。中国古代讲究披麻戴孝,百日内穿白色的孝服,百日之后着暗色衣服守孝。
[2] 安东·契诃夫(1860—1904),俄国著名作家、剧作家,世界短篇小说三大巨匠之一,19世纪末俄国现实主义文学的杰出代表,其作品注重描写俄国人民的日常生活,塑造具有典型性格的小人物,借此真实反映当时俄国社会的状况,主要作品有《套中人》《小公务员之死》《变色龙》《凡卡》等。

——凯瑟琳·伯恩斯(CATHERINE BURNS)①

如何才能鼓起勇气公开表达自己的悲伤呢？实际上，有爱便有勇气。因为爱，我们不再认为悲伤是恶意诅咒，而是上苍庇佑。尽管我们伤心不已、心碎不堪，但仍坚信爱能超越生死。哪怕最恐惧之时，我们若能予爱以能量，爱总能帮我们找到悲伤的渡口。

---

① 本段摘自 *The Moth Presents All These Wonders*。凯瑟琳·伯恩斯（1945—2019），美国女演员，曾获奥斯卡最佳女配角奖提名，主要参演作品有《圣诞颂歌》《艾米莉亚·埃尔哈特》。

## 悲伤耳语者

　　根据自己的经历,以悲伤为主题写一篇文章,报纸随笔或杂志类风格。文章可以像学术期刊论文一样严谨,也可以像生活版面杂文一样随意,内容尽量能够对他人有所帮助,文风可以幽默一些。如果你愿意,可以制作一部关于悲伤的影片。你想让人们知道什么?你的真实感受是什么?你希望别人怎么回应?你再也不想听到什么?影片的创意根据自己的喜好而定。完成后,你可以自己存留影片作品,也可与他人分享。

## 第四十七周
# 寻求解决方案

悲伤是不是一道难题,需要我们设法解决?需要什么样的方案呢?我们或许能发现悲伤自身就是一种解决方案。此外,我们还可以做一些特别的事情缓解悲伤。你有权利定义解决方案,不一定非要用别人所谓的标准答案。

## 第一日

如果有人这样对我描述一个悲伤者,"哦,你看她这么坚强自信,一定对悲伤应付自如",我会为她担心。如果我听到"她非常难过,一直在哭,已经崩溃了",我才会认为她处理得不错。情绪宣泄并非问题所在,而是一种自然的反应,也是悲伤最终的解决方案。

——阿什利·戴维斯·布什(ASHLEY DAVIS BUSH)[1]

有些人身上散发着悲伤的气息,嘴里却说没事儿,

---

[1] 阿什利·戴维斯·布什,美国女心理治疗师、畅销书作家,致力于悲伤心理治愈研究与创作,主要作品有 Simple Self-Care for Therapists、The Art and Power of Acceptance 等。

我发现很难和这种人沟通。有的人能直言不讳地说出真实情感,我很愿意和他们促膝长谈。一个人倘若对自己的创伤讳言忌医,自欺欺人地假装伤口不存在,那么他的伤痛是无法治愈的。

## 第二日

> 悲伤到极点时,最需要的是同情,而非解决方案。
> ——迪·布雷斯丁(DEE BRESTIN)[1]

身处悲伤迷雾之中,我们需要自行找到出路。他人给予同情,我们才会敞开心扉,而只给我们出出主意,告诉我们该做这个该做那个,则达不到效果。开启悲伤治疗过程的一种方案是找到能够听你倾诉、理解你痛楚的人。没人能够真正明白我的感受,也没人能够完全了解我的过往。在探索怎样治疗悲伤的过程中,找到支持我的人,会为我大大减负。

## 第三日

稍后,我们做一个练习,写下诱发悲伤的情况以及处理这类情况的解决方案。于我而言,清晨、夜晚、快乐、伤感都可能成为悲伤的诱因。

---

[1] 迪·布雷斯丁,美国女作家、演说家,主要作品有 The Friendships of Women、He Calls You Beautiful 等。

——乔维塔·比德洛斯卡（JOWITA BYDLOWSKA）[1]

　　所谓"久病成良医"，我们沉浸悲伤已久，多少也熟悉这种感觉，然而还是难以找到引发悲伤的原因。有时感觉一切都可能成为诱因。不过，我们可以调整对特定诱因的应对方式。丈夫刚去世时，我一看到丈夫生前喜欢的运动项目，想起别人仍在喜欢、参与这些运动，而丈夫再也没有机会了，就非常生气，也非常难过。后来我告诉自己，可以换个角度来想，多想想这些运动在丈夫生前带给他许多快乐，心情就释然了。我们可以说服自己改变对事物的看法，从而调整心情，哪怕面对悲伤也是如此。

## 第四日

　　有时候，像疯子一样肆意狂笑，或者埋进枕头放声痛哭，才是最佳解决方案。永远不要后悔。要经常告诉自己，"我，从不后悔。"

　　——维多利亚·埃斯特拉达（VICTORIA ESTRADA）[2]

　　让人悔恨是悲伤的一件武器。太多过往之事我们本应做得更好，也有很多未来之事被死亡掠去。但如

---

[1] 乔维塔·比德洛斯卡，加拿大畅销书女作家，作品主要有传记和小说，包括 *Drunk Mom*、*Guy* 等。
[2] 维多利亚·埃斯特拉达，墨西哥有声故事作家、翻译。

果我们说什么都不后悔，久而久之，或许我们就能拔出后悔之刺。于我而言，开怀大笑和放声痛哭都是悲伤的解决方式，表现了我的情绪的两个极端。我会努力找寻引我欢笑之事、致我痛哭之物，两者都令我畅快清爽。

## 第五日

如果艺术能排遣悲伤，冲淡凄楚，那就拥抱艺术吧。

——林－曼努尔·米兰达（LIN-MANUEL MIRANDA）[1]

纵情于书画之中，沉迷于照片之中，或寄情于任何一种艺术，都是超脱悲伤的方法。倘若在如坐针毡的悲伤之中能发现一个软垫，那就去找吧，让我们坐在上面，靠在上面。

## 第六日

想念逝者时以泪洗面，这不是令人担心的问题，而是解决悲伤的方式。

---

[1] 本段摘自《汉密尔顿》。林－曼努尔·米兰达（1980—），美国著名作曲家、演员、歌手、制片人、编剧，曾获普利策奖一次，艾美奖一次，格莱美奖两次，托尼奖三次，奥斯卡金像奖提名一次，主要作品有音乐剧《汉密尔顿》《抑制热情》《新欢乐满人间》等。

——尼丁·亚杜万施（NITIN YADUVANSHI）[1]

有些事情被我们视作问题，但实际上是解决方案。如果我为逝者而哭泣，如果我赖床不起，如果我还沉浸在悲伤中，只要我自己愿意，也许这些都不是问题。它们很可能是解决方案，帮我顺利撑到明天。

## 第七日

分解海绵动物细胞，将它们放入溶液中，它们会聚集在一起，重新拼凑成一个海绵动物。正如你我和所有其他生命一样，心中有一个巨大的念头驱使着自己：继续活下去。

——比尔·布莱森（BILL BRYSON）[2]

无论你感觉多么破碎不堪，总有希望拼凑成一个全新的自己。有人称之为新常态，还有人称之为新反常态。你可能觉得，所爱之人去世了，自己也随之离开了。然而，你还是活下来了，这是因为悲伤之下，顽强的生命力在推着你前行。那么，你会如何重新拼凑自己呢？

---

[1] 尼丁·亚杜万施，印度作家，专注于浪漫文学、当代文学写作，主要作品有 *Absolute Love Letter* 等。
[2] 比尔·布莱森（1951— ），英国著名作家，作品主要包括旅游类随笔、幽默独特的科普作品，如代表作《万物简史》等，横跨多个领域，皆为非学院派的幽默之作，主要作品有《全民寂寞的美国》《全民自黑的英国》《母语》等。

悲伤耳语者

　　用积木随便垒一个造型，随后推倒，再垒一次，然后再推倒。再垒一些其他造型，以上过程想重复多少次就重复多少次。现在，仔细观察这些木块。思考一下，以你破碎的生活为基础垒砌全新人生，还需要何种木块，需要多少木块。画出木块的样子（随意画个方块即可），并做不同标注，标注的内容主要包括重塑自己所需的不同技能、各个环节、心理感受，或者是动机、爱以及目标。那么当它倒塌时，你就会知道该用什么来重塑自己了。坍塌之时，会不会有某些东西挣脱束缚呢？重塑之时，又会不会遇到其他挑战呢？

## 第四十八周

## 回来吧

悲伤者常常哀叹:"回来吧!我知道你回不来,但求求你回来吧。"深爱之人诀别而去,这就是我们要承受的不能承受之重,忍受的不能忍受之悲。他们还有可能回来吗?我们乐于红尘相伴,人间相依,若他们归来却不在人间呢?

### 第一日

有一次我想对他们说,好吧,我知道,你们走了,而且有一段时间了,我们也都接受了这个事实……但是,走了这么久了,现在你们该回来了吧?

——莉迪娅·戴维斯(LYDIA DAVIS)[1]

我们知道人死不能复生,却希望他们能够归来。我们老家有句话,"这些走了的人都不回来看看,太不讲礼貌了!"说完我们哄堂大笑,但内心深处,却是浓浓的悲哀,他们不会归来,我们无可奈何却又无

---

[1] 本段摘自《不能与不会》。莉迪娅·戴维斯(1947— ),美国女作家、翻译家,2013年获布克国际奖,主要作品有《不能与不会》《几乎没有记忆》《故事的终结》《困扰种种》等。

能为力。

## 第二日

　　心中装着的人永远不会离去。有一天他们会归来，即便遥遥无期。

——米奇·阿尔博姆（MITCH ALBOM）[1]

　　我们所爱之人不会回来陪伴我们了，但他们从未离去。我们把他们放在心里。

## 第三日

　　如果逝者隐身，在亲人周围游走，那么我就会一直在你身边。如果有微风拂过你的脸颊，那便是我的呼吸；如果有凉风掠过你跳动的鬓角，那即是我的灵魂，恰巧走过你身边。

——保罗·霍夫曼（PAUL HOFFMAN）[2]

　　有些人想到所爱之人仍然和自己在一起，就感觉不适，认为这限制了逝者顺利进入来生。有些人则认

---

[1] 本段摘自《一日重生》。米奇·阿尔博姆（1958— ），美国专栏作家、电台主持人、音乐家、慈善活动家，主要作品有《相约星期二》《来一点信仰》《你在天堂里遇见的五个人》等。
[2] 保罗·霍夫曼（1953— ），英国作家，主要作品有小说 The Left Hand of God 三部曲等。

为逝者死后绝无意识。我相信丈夫总是伴我左右，只是他存在于不同的时空。他在陪我及其他爱他的人的同时，还可以随意做他想做的事。我不需要理解这种现象，甚至都不需要它真实存在。仅是对其抱有信念，就可让我清醒地应对悲伤。

## 第四日

只因你父亲去世了，我就离开了他，那么我算什么妻子呢？

——杰西·沃尔特（JESS WALTER）[①]

我有很多逝去的朋友，我希望他们都还活着。我坚信我们缘分未断，我不相信死神的镰刀能割断我们的爱。我尊重选择放手的人。但我要紧紧抓着，我要向死而生，活得充实。

## 第五日

之后的日子里，总会有那么一天，她万分想他，哀思如潮，百无聊赖，觉得自己不再是一个女人，而是一棵枯树，饱受冬日寒风的摧残。她现在就是这种

---

[①] 本段摘自《美丽的废墟》。杰西·沃尔特（1965— ），美国作家，2006年获美国国家图书奖提名，主要作品有《美丽的废墟》、*The Financial Lives of the Poets* 等。

感觉，想呼喊他的名字，呼喊他回家。

——斯蒂芬·金（STEPHEN KING）①

如果真能这样呼喊就好了。我很希望有办法来呼喊逝者回家，但地球不再是他们的家。有一种空白，无论我们怎样努力填补都无济于事，唯一行之有效的方法是让逝者回家，但这绝无可能。

## 第六日

逝者创作的乐曲中夹杂着金属的刺耳声。我想说的是，确实有一些东西让人痛并快乐着。

——丹尼尔·乔斯·奥尔德（DANIEL José Older）②

我很好奇，逝者还能创作音乐吗？我还能听到他们生前的音乐，回想起来后我很高兴，但难过的是，我们再也不能一同在人世间创作音乐了。

## 第七日

我觉得，我的脑海已经逐渐变成了爱的港湾，缺席的人都在那里，逝去的人都活着，时间永恒。爱的

---

① 本段摘自《丽赛的故事》。斯蒂芬·金（1947— ），美国作家，撰写过剧本、专栏评论，曾担任电影导演、制片人以及演员，2003年获得美国文学杰出贡献奖章，2007年获爱伦·坡大师终身成就奖，主要作品有《闪灵》《肖申克的救赎》《末日逼近》《死光》《绿里奇迹》《暗夜无星》等。
② 丹尼尔·乔斯·奥尔德（1980— ），美国青年文学、科幻小说作家，主要作品有Shadowshaper ypher 和 Bone Street Rumba 系列小说。

港湾不属于我们，但用爱守护着我们所有人。在我们出生前，或者说很久以前，爱的港湾就已经存在了。①

——温德尔·拜瑞

常言道，情人初见时会有似曾相识的感觉。人生旅途中，似乎总有人与我们同行。如果时间永恒，爱亦永恒，那么就会存在一个时空，在此时空中，没有一个人会离开。死亡可能会转换人们的形态，改变他们的外表，但他们不会离开。

---

① 本段摘自 Hannah Coulter。

# 悲伤耳语者

想象一下你在回音室里大喊一声"回来",你就能听到呼喊的回音。首先想一想所爱之人,如果他们回来了会怎么样,生活会发生什么改变,写一段文字。然后再想想没有所爱之人的生活又是什么样,再写一段文字。

根据第一段文字寻找一些线索,看看可以把什么东西放回生活中,让这份你仍享有的爱给生活增添价值、增添欢愉。与所爱之人共度的生活给了你什么启发?有哪些你可以付之于行动呢?随着你在悲伤中逐渐充实生活、重塑自己,想一想你将如何度过余生,再写一段文字。

如果你相信所爱之人还和自己在一起,那么在结束这次练习时,请想象一下,他们紧紧抱着你,而且欣然接受你现在的模样。对于他们给你的一切,甚至是去世后对你的影响,向他们道声感谢。如果你不相信所爱之人还和自己在一起,那么在结束这次练习时,向他们表达你的爱,并感谢他们给你的一切。

## 第四十九周
## 资源

悲伤者可以求助的资源有很多，包括外界资源，如心理咨询、社会团体和悲伤扶助网站等；还有自身资源，比如你的品格素质可提供心理和生理支撑。

### 第一日

如果我想激发充实生活、同情他人的能力，拥有不以物喜、不以己悲的心态，我就必须找到能够支撑我保持自我的人、地、事、物。这让我在内心疲惫之时，感受到激励的温暖。

——奥莉亚·山居梦客（ORIAH MOUNTAIN DREAMER）[1]

悲伤也可以是发现之旅。哀痛难熬的日子里，是哪些人、哪些地方、哪些事情支撑着我们？疲惫伤痛的日子里，是什么给我们力量，是什么给我们信念，是什么让我们坚强？即便是悲痛欲绝、几欲遁世的日子，我也必须让自己活在当下，面对现实。

---

[1] 本段摘自 The Dance。奥莉亚·山居梦客（1954— ），加拿大女作家，主要作品有 The Invitation、The Call: Discovering Why You Are Here 等。

第二日

我还裹着浴巾,就迫不及待地叫了辆出租车。没等车停稳,我就立马跳上了车,然后对司机说:"哪家图书馆有治疗悲伤和心理创伤的前沿书籍?送我去最近的一家。"

——戴维·福斯特·华莱士(DAVID FOSTER WALLACE)[1]

图书馆和书店是我们的资源宝库,能为我们提供许多帮助。我们仅仅是前往宝库寻找帮助,就已经是积极照顾自己的一个重要开端了。

第三日

生活若遇困难,就问谷歌。谷歌无所不知。

——艾玛·哈特(EMMA HART)[2]

我这个年纪的人清晰记得信息搜索难上加难、资源匮乏有限的年代。搜索引擎让我们足不出户,便可知世间万物。互联网上有极为丰富的资源供悲伤者使用,你可以阅读美文,加入群聊,或者打电话、发邮件。你可以与世界各地的人取得联系。网上甚至还会为丧

---

[1] 本段摘自 Infinite Jest。戴维·福斯特·华莱士(1962—2008),美国小说家、教授,代表作 Infinite Jest 被《时代周刊》评为1923—2005年百佳英文小说之一,去世后获普利策奖提名,主要作品有《系统的笤帚》、Infinite Jest 等。
[2] 本段摘自 The Love Game。艾玛·哈特,英国女作家,专注于浪漫文学、奇幻文学写作,主要作品有 The Game 以及 The Burke Brothers 系列。

亲之人组织旅游、举办会议或者开展露营项目。

## 第四日

没人会叫悲伤者做家务。为什么老太太在丈夫去世后会哀悼这么久？这是另一个原因。

——迪·德林克沃特（DI DRINKWATER）[①]

因为悲伤，你可能在一段时间里什么都干不了，倍感不适。但是，你若幽默地想一想，悲伤也可以帮你摆脱一些不喜欢的事务。笑一笑吧，笑是疗愈悲伤的良药之一。

## 第五日

向外界寻求帮助，不仅能深化与他人的交集，还能强化爱的纽带，再次让你感悟继续生活的意义。

——阿兰·沃福特（ALAN WOLFELT）[②]

若能找到愿意倾听和理解我们感受的人帮助我们，那我们真的是有福之人。在我脸书主页"说出你的悲伤"上，一位女儿惨遭谋杀的美国母亲曾经给我

---

[①] 迪·德林克沃特，英国女作家，专注于农业、日常生活类文章写作，主要作品有 *How to Grow Potatoes*、*How to kill Slugs* 等。
[②] 本段摘自 *Understanding Your Suicide Grief*。阿兰·沃福特，博士，美国教育家、作家、悲伤心理咨询师，其文学作品专注于抚慰悲伤心理，有 *When Your Soulmate Dies*、*Healing a Spouse's Grieving Heart* 等。

留言:"我在澳大利亚有朋友,在利比里亚有朋友,我变成一个国际人士了。"无论是在现实生活中,还是在网上认识的新朋友,他们都可以成为真正的悲伤伴侣。悲伤不限国界、不分信仰,是全人类共有的语言。

## 第六日

我经常跳舞。跳舞的时候,我会将悲伤、伤感统统摇出体外,替换为欢乐和韵律。

——英加·穆西奥(INGA MUSCIO)[①]

舞动身躯,放声歌唱,尽情游乐,赶走悲伤。参加活动也好,发挥创意也罢,体育锻炼也好,都对我们有所帮助。或许以前我们就热衷于上述活动,或许是在悲伤时,我们才有机会将目光投向这些活动,不管怎样,通过上述方式我们可以完成很多事情。

## 第七日

要直面自己的真情实感,并且妥善表达出来,需要的是力量,而非软弱。直面伤感,应对悲伤,用眼泪宣泄悲伤和愤怒,谈论自己的感受,向外界寻求帮

---

[①] 英加·穆西奥(1966— ),美国女权主义者、作家、演说家,主要作品有 Cunt: A Declaration of Independence、Rose: Love in Violent Times 等。

助和急需的安慰,都需要我们有力量。

——弗雷德·罗杰斯(FRED ROGERS)[1]

向外界求助也好,反求诸己也罢,都需要力量和决心。了解和表达自己的真情实感并不是懦弱的表现,寻求帮助亦然。相反,这体现了人格的力量,需要强大的自爱心和自尊心。我如果决不放弃,最终就一定会找到适合自己的悲伤疗愈资源。

---

[1] 本段摘自 *The World According to Mister Rogers*。弗雷德·罗杰斯(1928—2003),美国音乐家、作家、制片人,2002年荣获时任美国总统布什颁发的总统自由勋章,被誉为"世界儿童电视之父",主要作品有《与我为邻》。

## 悲伤耳语者

登上互联网,在搜索框输入关键词,什么词都行,常用的,少见的,都可以。我输入的是"悲伤之舞",然后搜到了一段多人舞蹈,编排者是一位男士,他经历过多次所爱之人的离世。舞蹈看起来很美,我也想跳一跳这种富有表现力的舞蹈。你可以搜索与悲伤相关的词条或任何你可能感兴趣的东西。

现在闭上双眼,去探索你自身的资源。以所爱之人的视角,同时也用自己的目光审视自己。请多加留意自己的优点和强项,让弱点暂且离去。

将所有你认为可能有用、有趣的资源列一张表。你在悲伤时为鼓励自己而想做的事情,尽可能让其变为现实。比如,一周做一件或一天做一件,一点一点敞开心扉,感受一下是否有别样的感觉。

## 第五十周
## 为自己欢呼

悲伤会让你变得脆弱，但现在你应该多关注正在做的事情，并为自己鼓掌。为自己欢呼有时很简单，比如早上按时起床或出门遛狗就很有成就感；有时则很复杂，比如办好一次晚餐派对或者回单位正常上班你才会满意。如果能够在没有所爱之人陪伴的情况下又度过一天，已经算小有成就了。要多关心正在做的事情，而非未做之事。要做自己的啦啦队队长，为自己欢呼，这是你应得的。

第一日

我不会再妄自菲薄。每当萌生自我批判的念头时，我都会原谅大脑中的那位法官，然后夸奖自己、接纳自己、喜爱自己，以此回应其判决。

——唐·路易兹（DON RUIZ）[1]

我尤其擅长评判自己。已成之事我不去回味，未

---

[1] 本段摘自《四个约定》。唐·路易兹（1952— ），墨西哥作家，代表作《四个约定》曾连续十年位列《纽约时报》畅销书榜单，其他著作有 The Mastery of Love、The Voice of Knowledge 等。

做之事时常萦绕心头。我眼中的自己和朋友眼中的我差别很大。我不会让别人苛求我,也不许他们苛求自己。现在是时候尊重自己了,我要告诉自己"我已经做到了最好"。我会原谅大脑中那位对我求全责备的法官,也会爱自己多一点。

## 第二日

自我肯定,就是要用诚恳真挚的赞美来振奋自己。

——洛里·迈尔斯(LORII MYERS)[①]

我会赞美他人,甚至会赞美陌生人,以求让他们过得开心。想想我们是如何夸赞朋友、表扬孩子、赞美宠物的,也这样夸夸自己。过往八年如一日,没有丈夫的陪伴,我坚强地活了下来。于我而言,这是一个巨大的成绩。请你想一下,自己有没有值得真正赞美之处?

## 第三日

我的智慧派不上用场,大脑空空如也,心无波澜。但在内心的荒野深处,我时而能感觉到存有某些东西,

---

① 本段摘自 Targeting Success: Develop the Right Business Attitude to Be Successful in the Workplace。洛里·迈尔斯,加拿大女作家,专注于商业类、悬疑类、心理类图书写作,主要作品有 3 off the Tee 系列。

即便我身体其他部分都想寻死,它们——我坚韧顽强的灵魂——也懂得如何继续生存。

——帕克·J. 帕尔默(PARKER J. PALMER)[①]

有时我们会完全迷失在悲伤的黑暗中,丝毫不相信还能喜爱自己、夸赞自己。然而,每个人都有坚韧顽强之处,它们在不停地告诉我们,我们值得夸赞。为自己欢呼,就要悉心养护渴望充实生活的那部分灵魂。

## 第四日

没有什么灵丹妙药,我们也无法让悲伤永远消失。我们只能一点一点改善现状,比如让今天比昨天更轻松,比如突然大笑几声。

——劳丽·哈尔斯·安德森(LAURIE HALSE ANDERSON)[②]

每一跬步,都助你行至千里。悲伤没有灵丹妙药,但有很多方法可以让你的人生更有成就感,甚至找回往日的欢声笑语。如果我们哑然失笑,那笑声就是为自己欢呼,尤为美妙。我笑,丈夫肯定也和我一起笑,我总喜欢这样幻想。我怀念他的笑容,他肯定不愿看

---

[①] 本段摘自 A Hidden Wholeness。帕克·J. 帕尔默(1939— ),美国教育家、作家,主要作品有 Let Your Life Speak、The Courage to Teach 等。
[②] 本段摘自 Wintergirls。劳丽·哈尔斯·安德森(1961— ),美国女作家,专注于儿童文学、青年文学写作,2010年因对青年文学领域的贡献而荣获美国图书馆协会玛格丽特·A. 爱德华奖,主要作品有《说出来》、Catalyst 等。

到我失去笑容。

## 第五日

> 建立自尊,莫过于活着。
>
> ——玛莎·盖尔霍温(MARTHA GELLHORN)[1]

活着。如何活着是每个悲伤者都在学习的。赖床不起是一种生存方式。努力为生活增添快乐、增强成就感也是一种生存方式。每坚持一天,就值得为自己欢呼。为排解悲伤,我将存活于世视为冒险之旅,而非煎熬跋涉。在未知的天地里,我一人独自漫游。我要去哪里?我将会发现什么?

## 第六日

尽管疼痛持续不断,但不知不觉间,我似乎已经走了一段路程,远离了最初难以承受的痛苦。我坐着挺了挺腰杆,深吸了一口气,就在那时,我开始相信,或许我真的可以挺过这一关。

——安妮·泰勒(ANNE TYLER)[2]

---

[1] 本段摘自 *Travels With Myself and Another*。玛莎·盖尔霍温(1908—1998),美国女作家、记者,二战期间曾到芬兰、新加坡、英格兰和中国香港等国家和地区做战地报道,是世界上著名的战地女记者,主要作品有《末代独裁》等。
[2] 本段摘自 *The Beginner's Goodbye*。安妮·泰勒(1941— ),美国当代著名女作家、文学评论家,1989年凭借《呼吸课》荣获普利策奖,还曾获大使图书奖,主要作品有《思家小馆的晚餐》《时间之舞》《意外的旅客》《凯特的选择》等。

丈夫去世后的头几个月里，我曾研究过自杀，觉得没有他，我根本活不下去。巨大的痛苦几乎使我瘫痪。但是，我悲伤如斯，怎能让亲人复哀亲人呢？那我该怎么办呢？我选择了一点一滴地排解悲伤。八年间，点滴小事日积月累，终让我引以为豪。我们可以携起手来，共克悲伤。虽然每个人情况不一，但无论你感觉多么孤苦伶仃，我们这群悲伤者都会陪你一同战斗。为我们自己欢呼吧！

## 第七日

我已经接受了真实的自己。我已经爱上了真实的自己。我想歌颂真实的自己。

——夏瑞丝·本贝克（CHARICE PEMPENGCO）[1]

这对我们大多数人来说都非易事。喜爱并赞扬真实的自己可以作为一个奋斗目标。我并不完美，但值得被爱和赞赏。丈夫对我的爱毫无保留，没有任何条件。我有没有可能像丈夫爱我一样去爱自己？

---

[1] 夏瑞丝·本贝克（1992— ），菲律宾女歌手，2007 年凭借《崭新的世界》一曲成名，主要作品有 *Listen*、*All by Myself* 等。

## 悲伤耳语者

找一些喜欢的金星饰品、贴纸或者邮票。每天夜晚,在日历上或日记中写下为自己欢呼的文字。你可以这样写:"为自己欢呼!今天我……(做了哪些事情)。"每天想写多少就写多少。每写完一张,奖励自己一张贴纸或邮票。记住,这可以很简单,比如"为自己欢呼!今天我坚持呼吸了",你也可以根据情绪做一些更复杂的事情。孩童时期,当我们完成一些任务后,会经常听到"很棒"。我们应该为自己鼓掌了,提醒自己已经完成了许多事情。如果你有一天过得不顺,就读一读你写在日历或日记上的事情。为表彰勇于做自己,可以奖励自己一张贴纸。要知道,你正在悲伤中努力充实生活。

## 第五十一周
## 释怀？

　　使用问句是因为释怀的过程可能是复杂的。其实谈起释怀，大家有时觉得并不难。我们奇妙地迈入释怀这一阶段，按说一切都该顺顺利利。我们面临的首要问题是如何定义"释怀"。此外，我们要知道，道理很简单：生命中不可或缺之人去世后，一方面拒绝接受现实，一方面在某种程度上有所释怀，这并不矛盾。释怀可能是一个平静之处，我们可尽享安逸；也可能是一只尖牙利齿的鳄鱼，我们必须一刻不停地与之搏斗。

### 第一日

　　所爱之人从你生命中消失，你以为自己已经释怀，以为虽曾伤心难过，但都已烟消云散，此后便以释怀者自居。事实上，一丁点的小事都会让你重新感受到失去所爱之人的痛苦。

　　　　　　——瑞秋·霍金斯（RACHEL HAWKINS）[1]

---

[1] 瑞秋·霍金斯，美国女作家，专注于青年文学写作，主要作品有小说《魔女高校》系列以及 Rebel Belle 三部曲等。

对于丈夫去世这一事实,我不再尝试释怀,因为那是奢望。我明白,他已不在人世。我只是惊讶自己一次又一次渴望与他分享见闻,渴望看见他的微笑,渴望抚摸他的手掌。我觉得自己永远不会完全释怀。他的样子会反反复复出现在我心中,消失,出现,消失……

第二日

我发觉,悲伤意味着心系一个人,而那人已不在。[1]

——珍妮特·温特森

确实如此,我们心系一个人,而那人已不在。我们知道,也接受这一事实,但还是照旧保持与他们之间的关系。

第三日

他没有逃避悲伤,也没有否认其存在。他可以像科学家观察动物一样,观察自己的悲伤。他拥抱悲伤,接纳悲伤,承认悲伤永远不会消失。悲伤和喜悦一样,都是他的一部分。

---

[1] 本段摘自 Frank issste in: A Love Story。

——贝基·钱伯斯（BECKY CHAMBERS）[1]

释怀于不同人而言有着不同意义。对一些人来说，释怀是挥别过去的方式，悲伤终会消解、会散去。对其他人而言，释怀意味着承认悲伤将永远挥之不去。我们已被永久性地改变，这一点毋庸置疑。

## 第四日

在痛苦中我逐渐放下往事。就像是松开紧扣在悬崖边缘的手指，坠向深谷。更痛苦的是，我们不知谷底有什么，但我现在已经知道谷底是何种景象。现在的一切就是谷底的一切。我早已置身其中。

——罗宾·麦金利（ROBIN MCKINLEY）[2]]

有些悲伤者逼着自己放下过去。他们认为活在当下比追忆往事更为重要。我欣赏他们对释怀的定义，但并不同意。我绝不会尝试放下，因为今日之我源于昨日之我。

---

[1] 本段摘自 *The Long Way to a Small, Angry Planet*（《旅人号》系列第一部）。贝基·钱伯斯（1985— ），美国女科幻作家，2019 年凭借小说《旅人号》系列荣获雨果最佳系列小说奖，其他著作有 *To Be Taught, If Fortunate* 等。
[2] 本段摘自 *Shadows*。罗宾·麦金利（1952— ），美国女作家，专注于儿童文学、奇幻文学写作，曾凭借《英雄与王冠》获纽伯瑞儿童文学奖，其他著作有《蓝色宝剑》等。

## 第五日

就算以爱情、生命和希望为丝线，悲伤之手也会缝制出悲伤之衣。我开始相信，终有一天，这些丝线会编织出美丽衣衫。

——香农·霍夫曼·波尔森（SHANNON HUFFMAN POLSON）[1]

终有一天，奇迹会发生，黑色悲伤变成彩色丝线，织出锦绣人生。曾经的丑陋不堪都会变得卓越不凡。对我而言，爱是悲伤最美之处，也是爱让悲伤闪亮耀眼。

## 第六日

释怀意味着即使面对不可思议之事，我们依然以尊严和宽容来善待自己与过往。我们不会回避自己的痛苦，会像对待好朋友一样对待自己。

——希瑟·斯坦（HEATHER STANG）[2]

没有宽容和善良，释怀也不会减少伤痛，只会使其加重。不管我们寻求何种坦然，我们必须记住，要像对待生命中最爱的人一样对待自己。

---

[1] 香农·霍夫曼·波尔森，美国女作家，专注于励志类文学写作，主要作品有 North of Hope、The Way the Wild Gets Inside 等。
[2] 本段摘自 Mindfulness and Grief。希瑟·斯坦，美国演说家、学者，主要研究领域为死亡学，以及指导人们利用正念缓解压力、克服悲伤情绪，已出版心理学图书 Techniques of Grief Therapy 以及 Mindfulness and Grief。

## 第七日

今天，我要做真实的自己。我将不再隐藏痛苦与快乐。我将不再担心自己沮丧的表情和绝望的话语会令他人担忧或尴尬。人们无需反复向我传递生命美丽的安慰词句。我知道，生命之美就呈现在我们坦然面对过往之后。

——弗朗哥·桑托罗（FRANCO SANTORO）[①]

这需要不断学习。我认为释怀意味着做真实的自己，诚实面对生活以及周围世界，并且接纳它们。生命之美并非虚无缥缈之物。我要通过坦然面对一切，勇敢找寻生命之美。

---

[①] 弗朗哥·桑托罗，意大利作家、星象学研究者，主要作品有Astroshamanism Book 系列。

## 悲伤耳语者

　　准备一大张画纸、几支记号笔。思考自己对"释怀"的定义。它可能是"愿意忍受艰难悲伤的处境"。我希望自己的定义是：心怀爱和感恩。

　　制作一个三栏表格。在第一栏写下："对于……我能释怀"；在第二栏写下："对于……我正努力释怀"；在第三栏里写下，"对于……我永远不能释怀"。尽可能多地填写空格。有些内容会出现一次、两次，甚至三次。

　　每隔一个月都回顾自己写下的内容，看看是否有所改变。如果没有改变，你是否接受？如果有所改变，你接受吗？如果你因没有太多改变而不满，有没有什么办法让自己更满意？

## 第五十二周

## 治愈？

对许多悲伤者而言，"治愈"后面通常都要打一个问号。有些人认为时间可以治愈伤痛，因而不慌不忙。有些人则认为时间于事无补。悲伤与爱一样，将伴随此生。你的看法如何？我现在的看法和丈夫刚去世那会儿不同了。我认为治愈是一个需要每天积累的过程。我的悲伤永远不会被完全治愈，但或许我每天都在治愈。在治愈悲伤的过程中，要为生活增添快乐，增强成就感，崩溃时也要勇敢地哭出来。治愈和释怀一样，首要的是尊重一切已有的现实。

### 第一日

我从不知道我能够同时感受到破碎和完整。

——瑞秋·L.沙德（RACHEL L.SCHADE）[1]

我的世界满是黑暗的悲伤，密不透风。我仍处于破碎之中，碎片锋利，无法契合。但我也是完整的，

---

[1] 本段摘自 *Silent Kingdom*。瑞秋·L.沙德，美国女作家，专注于青年文学、奇幻文学写作，主要作品有 Silent Kingdom 系列、*My House Is Falling Apart* 等。

对于过往他人给予的爱，我心怀感激，感激之情将破碎的我重新拼凑完整。我空洞的内心满满都是我爱的人，我既挂念着他们的离去，又感激着他们曾经的陪伴。

第二日

总有人说我应该尽快摆脱心碎，我有点厌烦，因为他们就像一只小铃铛在心里不停鸣响。他们不知道，悲伤不是大蒜末，忍一忍就能过去。总有一些事情是我们无法克服的。

——迈克尔·李·韦斯特（MICHAEL LEE WEST）[1]

在我看来，治愈并不是指克服悲伤；治愈，是在生活中为悲伤找一个安身之处，是让悲伤激发斗志而非消磨斗志。我的目标不是克服心碎情绪，而是在心碎时依然能够活力满满，充实生活。

第三日

巨大的痛苦反反复复，悲伤亦是如此。也许，这种反复可以成为悲伤治愈庆典上的圣歌。

---

[1] 本段摘自 American Pie。迈克尔·李·韦斯特，美国女作家，专注于烹饪类、惊悚类文学写作，主要作品有 Crazy Ladies、Gone With a Handsomer Man 等。

——谢尔曼·阿莱克西(SHERMAN ALEXIE)[1]

悲伤可能逐渐治愈,可能趋于恶化,也可能二者同时兼具。悲伤循环反复的本质有没有可能是一曲圣歌,为治愈而奏响?有人告诉我,所爱之人离世后,已化作天使保佑我们。悲伤,也是爱的庆典。

第四日

我的寥寥几句不会触及,也不该触及你的悲伤。悲伤就像板结的土地坚实牢固,需要悉心栽培、耐心等待。总有一天,土地上会有新苗生根发芽;虽然悲伤依旧是无解谜题,但你终会发现一条出路,找到不受死亡困扰的生活方式。

——罗宾·卡德瓦莱德(ROBYN CADWALLADER)[2]

你见过从城市人行道缝隙里长出的鲜花吗?你见过茫茫沙漠中蓬勃生长的植物吗?请尽心尽力栽培悲伤,照顾自己。未来的你,会时常惊讶于新苗绿叶。曾经的不可能,都变成了可能。

---

[1] 本段摘自 *You Don't Have to Say You Love Me*。谢尔曼·阿莱克西(1966— ),美国作家、诗人、制片人,2007年获美国国家图书奖,主要作品有《一个印第安少年的超真实日记》以及 *The Lone Ranger and Tonto Fistfight in Heaven* 等。
[2] 本段摘自 *The Anchoress*。罗宾·卡德瓦莱德(1950— ),美国作家,作品主要有 *The Anchoress*、*The Book of Colours* 等。

## 第五日

她记得他的微笑,意识到时间的良药最终发挥了其功效。现在的她,唯有感恩。因为如果他不曾来过,记忆该是多么苍白乏味。

——罗萨蒙德·皮尔彻(ROSAMUNDE PILCHER)[1]

我不能也不想假设,已故的丈夫及许多我爱的人如果不曾出现在我的生命里会如何。治愈是从悲伤的利爪中夺回记忆。除了伤心和痛苦,还有快乐和感恩。

## 第六日

即便处于悲伤之中,也要记得让希望之光透过缝隙,照亮前路,疗愈心伤。幼龟撑开裂缝,破壳而出,从此海阔天空,走向新生活。

——劳拉·斯特利(LAURA STALEY[2])

悲伤会凝聚成硬壳,把我们囚禁。有些人甚至从没尝试过打破硬壳。我们不敢独自生活在世间。如果你身处黑暗之处也渴望光明,如果你打算再次开始生

---

[1] 本段摘自 The Shell Seekers。罗萨蒙德·皮尔彻(1924—2019),英国浪漫小说、短篇小说女作家,主要作品有小说 September、The Shell Seekers 和短篇小说集 The Blue Bedroom and Other Stories 等。
[2] 劳拉·斯特利,美国女作家,专注于传记、励志类书籍写作,主要作品有 Let Go Courageously and Live With Love 等。

活,随此而来的治愈可以让你自己,包括你所爱之人的人生增光添彩。幼龟尚敢破壳面对陌生的世界,我们又有什么胆怯的呢?

## 第七日

所爱之人去世,我们可以与他们一同离去,也可以传承他们的精神,继续生活。我不想一直对失去的东西魂牵梦萦,我只想好好纪念我们曾经拥有的一切。

——芭芭拉·德林斯基(BARBARA DELINSKY)[①]

我明白应该以丈夫生前耀其身后,那是我悲伤岁月中最重要的节点。我也意识到,不能只把丈夫当成过世的躯壳,那是对我们两人的不尊重。他一生辛勤劳作,克服艰难困苦,成为一个充满爱心、乐于助人的人。我们深爱彼此,生活充满乐趣。往后余生,每一天我都想颂扬丈夫的人生,纪念我们相伴同行的过往。以前,想起丈夫,我仍然备受寂寞的折磨。然而,现在想起丈夫,往往会让我嘴角上扬、心中温暖。于我而言,治愈并不是忘却,而是怀着爱意与感激,纪念曾经,继续前行。

---

① 本段摘自 *Before and Again*。芭芭拉·德林斯基(1945— ),美国女作家,专注于浪漫文学写作,有19部作品荣登《纽约时报》畅销书排行榜,主要作品有《邻家女人》、*Not My Daughter* 等。

# 悲伤耳语者

找一个舒服的空间放松冥想，如果你愿意的话，播放一些轻柔舒缓的音乐。你想象自己在做水疗，观察一下，周围有什么？是在室内还是室外？是在泳池、桑拿房、剧院，还是带镜子的舞蹈室？里面可以有任何你想要的东西。谁在那工作？或许工作人员是已故的亲友、明星或历史人物。他们也可能是动物精灵、各类神灵或者圣人贤哲。继续想象，有哪些水疗项目？可能有按摩、运动、针灸、游泳或者不常见的项目，如魔法表演、电影或故事讲述等。

你喜欢什么项目？或许是你最喜欢的明星提供按摩服务，或许是去听你最喜欢的老师讲课。或许你想上达·芬奇或杰克逊·波洛克的绘画课，或者接受灵魂引领。你可以满足自己强烈的渴望，与已故爱人一同前往。在接受疗愈的过程中，你可以无限自由地想象充满爱的体验。它们可以是同一种体验，也可以时时变换。在某天某刻完成治疗的你，不要忘记将那刻的美好感受带回现实生活。如果你紧张不安，闭上眼睛一秒钟，调整一下，去接受疗愈，拿回你需要的东西。睁开眼睛，没有人会知道你曾离开过。

# 结语

我丈夫在家中过世。我一向看重他的形象，所以想为他穿上一件丝质衬衫，搭配一条领带。可即使有护工帮忙，也十分困难。我只好找出一件他平时当作睡衣的T恤衫，说"我已经用尽浑身解数了"。

所爱之人离开，丢下你一人用尽浑身解数，却无力回天。曾经的爱与支撑已消失不见，唯余孤独和思念。排解悲伤，就是要去寻找失去的爱与支撑。思念永恒，爱亦永恒。

希望此书能为读者提供些许帮助。我们都是悲伤的勇士。我不喜欢用尽浑身解数，却企盼使得更加得心应手。我希望未来某一天，我也可以加入天堂狂欢。在那天到来之前，我将努力用真心对自己、对丈夫。

为了在悲伤中充实生活，你需要不断探索琢磨。愿你们勇气常在，爱意永存。

爱你们的，简

# 译后记

《悲伤缓解手册》译完已有时日,却迟迟不愿动笔写译后记,工作繁忙只是一方面,更多是内心略有抗拒,不愿重新进入共情。共情,是译者特别是文学译者必备的素质。译者应深入原文,从里到外完全浸入,才有可能译出味道,译出感情。倘若译者不能感动自己,必然无法感动读者。林琴南与好友王昌寿翻译第一部译著《巴黎茶花女遗事》时,"每于译到缠绵凄恻处,情不自禁,两人恒相对哭"。林琴南并无外文基础,确切地说是"不审西文",赖好友口述其词,他"耳受而手追之"。即便如此,林琴南仍有不少佳译流传于世。可见,共情能力和母语能力对文学译者而言不可或缺。

乔治·斯坦纳认为理解即翻译。这种广义的定义意味着理解是翻译重要的第一步,且应该完全化身为作者的理解。每个人对客体都有不同的理解,理解本已不同,表达的方式更是千姿百态,有的形之于文字,有的寓之于音符,有的绘之于丹青,而我们通常接触到的是以语言文字的形式表达。语言背后是文化,如何传达语言的意义和文化的意义则是对译者的另一大考验。

　　本书作者简·华纳女士文笔流畅,情感细腻而又不乏哲理深思,译者尽量贴近作者的立场,考虑到她的文化背景、性别背景等,但表达时又要站在读者的立场,将原文鲜活呈现。翻译过程中并未刻意考虑归化与异化的问题,如果原文的表达可以在汉语中找到对应,那么按照两点之间直线距离最短的原则尽量直译;倘若不能对应,说明两者之间有障碍,或者是表达习惯的不同,或者是文化的相异,那么首先考虑采用搭桥的方式,如若不能,再考虑绕道的方式。总体上以尊重原文文化为主,即便文内出现"推倒墓碑,挖开坟墓,摇晃着母亲,期盼得到答案"一类的表达,也保留下来,并未隐去。译者力求精炼,对原文文风略有修饰,为节奏的需要用了一些四字结构,但尽量减少成语的使用,因为成语作为"死去的隐喻"往往表意过于固定,很难传达新的意义。文中有些地方其实可以处理得更具"文采",但译者抑制了这一冲动,在信与雅中艰难寻找平衡。拙劣的翻译往往很容易发现,但过度修饰的译文同样有害,读者往往盯着"不及",

却忽略了"过犹不及"。如同自拍，没有拍好的照片一定删之而后快，加了几层滤镜、美颜效果的照片看上去像很多明星，唯独不像自己，而这种照片却会被保存起来并时时欣赏。这也是人皆爱美的天性使然，也正是出于这种天性，我们对"雅"的译文特别推崇，传阅"诗经体""楚辞体""律诗体"译文并大加赞美。可如果原文不"雅"又如何？前几年网络曾流行乔布斯写给妻子的一封信，原文朴质平实，如日常聊天，娓娓道来，网友纷纷一显身手，晒出译文，其中不乏诗经版、楚辞版、律诗版，甚至还有东北方言版，虽是游戏而译，但读起译文来，感觉眼前有一袭青衫、手持折扇的秀才乔布斯，有脚踏芒鞋、手把念珠的居士乔布斯，还有东北硬汉乔布斯，虽是戏作，却难免有"道冠儒履释袈裟，大金链子吃烧烤"的荒诞之感。能否保证"说人话"，是初学翻译者的第一道关隘，而如何抑制创作的冲动，保证"说该说的话"，则是成熟译者必须考虑的问题。译者并非认为上述译文不应存在，而是这类译文已然跨越了翻译的范畴，进入了母语创作的领地。可见佳作未必是美译！

此外，译者加注近400条，主要是文中引文信息补充，第一遍阅读时可以跳过，如感兴趣，可回头再来细读。

本文的主题很容易引起人们共鸣，毕竟生老病死乃人生必经之路。中国人对待死亡有两种态度，既有"死生亦大矣"的感慨，乃至慎终追远、忌讳不谈，亦有庄周鼓盆而歌的潇洒。曹丕的言行则是两者合一的典范，他在《与吴质书》中悲叹"观其姓名，已为鬼录。追思昔游，犹在心目，而此诸子，化为粪壤"，在王粲墓前又率领宾客引吭学驴鸣，以乐遣悲。然总体而言，中国人往往以哲学的、抽象的思想对待死亡，安慰别人也多是一句"人死不能复生"，即便是"托体同山阿"的洒脱也难免过于宏大。人之逝去如巨石坠水，斯人直沉入水，离巨石最近的亲朋如遇惊涛骇浪，涟漪向外荡去，愈来愈弱，渐而无息，远处之人甚至都不知道曾有石落水。然而，此等惊涛骇浪如何平息？简·华纳女士基于自身直面悲伤的经历，以情绪变化为逻辑主线，以1年为期，以周成章，以日成节，共52章，每章7节，每章列出一个"悲伤"主题；每节引用一句有关"悲伤缓解"的名人名言，并结合自己所感所想，与读者产生情感共鸣；每章之后设计一个"悲伤耳语者"小练习，颇具操作性。这既是一本关于如何面对悲伤、化解悲伤的心理学著作,也是一位女士在失去丈夫后重新走回生活的历程记录。希望本书能在您悲伤时起到作用,当然,希望我们永远没有悲伤。

仲文明

于长沙

# 作者简介

简·华纳富有创造力,也乐于探索。她拥有心理咨询专业的硕士学位,曾从事过预防虐待儿童和自杀干预等方面的工作。

简开了一家书店,店名为"翻页(The Turning Page)"。她组织过一次主题为"不屈的人类精神(The Resilience of the Human Spirit)"的研讨会,与会发言人都是经历过大屠杀和政治恐怖事件的诗人。这场会议由卡佳·埃森(Katja Esson)拍成了名为《不屈诗篇》(*Poetry of Resilience*)的纪录片。简自己也制作过纪录片,包括费姆·波尔斯坦(Feme Poarlstein)执导的《最后一笑》(*The Last Laugh*);与海莉·米尔斯联合出品的百老汇戏剧《派对脸》(*Party Face*)。此外,她还发表了两篇散文、一首诗和一篇短篇小说。本书是她的第一本著作。

简热爱戏剧。丈夫去世后,她开始剧本写作,自编自演了单人秀。为了重新寻找生命的意义,她创建个人博客"住手,不要偷走我的悲伤",以此帮助他人。到目前为止,她的脸书主页"说出你的悲伤"获赞数已超 250 万,点赞者几乎遍布世界各国。简本人也曾游历七大洲。痛失挚爱的简仍成就颇丰，然而对她而言，最珍贵的时光是与女儿艾琳和外孙女格温多琳一起度过的日子。

# 序言作者简介

亚曼达·比尔斯从事演艺事业逾 35 年。她曾在纽约社区剧院（The Neighborhood Playhouse）学习表演，师从斯坦福·迈斯纳（Sanford Meisner）。她后来移居洛杉矶，出演电影《天师斗僵尸》（*Fright Night*），与克里斯·萨兰登（Chris Sarandon）和罗迪·迈克道尔（Roddy McDowall）演对手戏。此后她在福克斯家庭情景喜剧《拖家带口》（*Married with Children*）中扮演马西·达西（Marcy D'Arcy）一角。

比尔斯也是一位导演和制片人，《拖家带口》中很多剧集都是由她指导拍摄的。此外，她还为第一家有线电视网络制作并导演了电视剧《搞笑同志短剧秀》（*Big Gay Sketch Show*），该剧主要面向特殊观众群体。

目前，比尔斯定居于美国西北地区，担任西雅图电影学院主持表演专业本科培养项目负责人。

## 译者简介

仲文明，中南大学外国语学院副教授，硕士生导师，翻译硕士教育中心副主任，中国英汉语比较研究会秘书处主任。主要研究方向为翻译理论与实践，在人民文学出版社、电子工业出版社等出版译著10部，其中8部入选各类译丛。

任在翔，山东青州人，中南大学英语笔译硕士，曾获湖南省外事笔译大赛一等奖，湖南省研究生翻译大赛一等奖，湖北省翻译大赛特等奖等，参与省级、校级翻译项目多项。